Marietta Prestele

Envolvimento das partes interessadas no controlo resiliente de pragas na Áustria

Marietta Prestele

Envolvimento das partes interessadas no controlo resiliente de pragas na Áustria

ScienciaScripts

Imprint

Cover image: www.ingimage.com

This book is a translation from the original published under ISBN 978-3-639-71058-8.

Publisher:
Sciencia Scripts
is a trademark of
Dodo Books Indian Ocean Ltd. and OmniScriptum S.R.L publishing group

120 High Road, East Finchley, London, N2 9ED, United Kingdom
Str. Armeneasca 28/1, office 1, Chisinau MD-2012, Republic of Moldova, Europe
Managing Directors: Ieva Konstantinova, Victoria Ursu
info@omniscriptum.com

Printed at: see last page
ISBN: 978-620-8-61381-5

Índice

Resumo

Para além de abastecer a população com alimentos saudáveis, a gestão sustentável das terras agrícolas é de importância fundamental para a restauração e preservação da biodiversidade, bem como para a proteção do solo, do ar, da água e do clima. A Áustria é um dos países com uma elevada percentagem de explorações agrícolas biológicas, reduzindo assim os impactos negativos da agricultura. No entanto, ainda há margem para melhorias no futuro, nomeadamente no que se refere à aplicação do controlo biológico de pragas e ao aumento da agrobiodiversidade. Este trabalho examina quais os obstáculos que se colocam a uma maior utilização do controlo biológico de pragas e quais os possíveis incentivos motivacionais que podem ser criados para cultivar mais controlo biológico de pragas e mais áreas de biodiversidade. A fim de compreender as opiniões e avaliações das partes interessadas da agricultura austríaca e poder criar uma rede de actores, optou-se por uma abordagem qualitativa de investigação social. Os grupos de partes interessadas incluem agricultores, associações de agricultores, investigadores, autoridades públicas e ONG relevantes. Foram realizadas entrevistas a peritos em duas rondas, a fim de criar uma matriz de poder para determinar quais as partes interessadas essenciais para o sistema agrícola. Com base nisto, foram obtidos conhecimentos mais profundos para compreender as razões da utilização insuficiente do controlo biológico de pragas, bem como a base política. Os peritos também avaliaram o potencial do controlo biológico de pragas e foram mencionadas possíveis soluções para o futuro. As entrevistas com os peritos permitiram criar uma rede de todas as partes interessadas mencionadas, a fim de determinar quem está a cooperar com quem e onde é necessário haver mais comunicação no futuro.

Os principais resultados desta tese de mestrado mostram que uma maior utilização do controlo biológico de pragas é desejável e oferece numerosas vantagens. Estas incluem uma redução da utilização de pesticidas e uma menor carga sanitária para o consumidor final e para os agricultores. Além disso, o ambiente é protegido, os campos tornam-se mais resistentes e os agricultores ficam menos dependentes dos pesticidas. Os principais argumentos contra são os longos procedimentos de aprovação, a atitude dos agricultores e os subsídios insuficientes. Além disso, há por vezes falta de inimigos eficazes contra a praga e a eficácia deste método é frequentemente questionada. Os resultados desta abordagem qualitativa permitiram descobrir potenciais sugestões de mudança, incentivos motivacionais e obstáculos de todas as partes interessadas envolvidas na agricultura. Numa próxima etapa, estes défices devem ser reconhecidos por todos os intervenientes na agricultura e resolvidos através de alterações na lei, subsídios monetários e seminários, de modo a que o controlo biológico de pragas seja mais praticado no futuro.

Lista de abreviaturas

ABC- Augmentative Biological Control

AC-Chamber – Chamber of Agriculture

AC-Ministry- Ministry of Agriculture

AMA- Agrarmarkt Austria

BC- Biological Control

CAP- Commun Agricultural policy

CBC- Conservational Biological Control

LFI- Ländliches Fortbildungsinstitut (Rural Training Institute)

ÖPUL- Österreichische Programme zur Förderung einer umweltgerechten, extensiven und den natürlichen Lebensraum schützende Landwirtschaft (Austrian programs to promote environmentally friendly, extensive agriculture that protects natural habitats)

SH- Stakeholder

I. Introdução

Para garantir a segurança alimentar da população mundial no futuro, é desejável repensar a agricultura. Um importante fator de influência é o elevado nível de emissões na agricultura, que, juntamente com a indústria, é a principal fonte de gases com efeito de estufa e apresenta potencial para melhorias (Rippel, 2014). Uma comparação entre a agricultura biológica e a convencional revela que a agricultura biológica provoca significativamente menos emissões de gases com efeito de estufa. Os três principais gases são o CO_2, o óxido nitroso e o metano. Para dar um exemplo, o CO_2-eq./kg para o cultivo convencional de trigo é de 0,40 kg CO_2-eq./kg, em comparação com 0,18 kg CO_2-eq./kg para o cultivo orgânico. Em geral, todas as emissões de gases com efeito de estufa são menores para a agricultura biológica, independentemente da cultura (Bundesministerium für Land- und Forstwirtschaft, Regionen und Wasserwirtschaft, 2023b; Rippel, 2014).

No entanto, para além das elevadas emissões, as alterações climáticas desempenham um papel igualmente importante. Estes dois factores devem ser adaptados no futuro, a fim de cumprir os nossos objectivos climáticos e minimizar as consequências resultantes para a natureza, a sociedade e a economia (Europaische Kommission, 2024). Só para a Áustria, uma comparação de 2022 com o período de referência 1961-1990 mostra um aumento da temperatura média de 2,3°C, o que está muito longe do objetivo do Acordo Climático de Paris de um máximo de 1,5°C (Küntzle, 2023). As consequências são períodos de vegetação mais precoces e mais longos, períodos de seca mais longos e períodos curtos de precipitação intensa. Isto, por sua vez, resulta em alterações no equilíbrio do húmus, na alteração da disponibilidade de nutrientes para as plantas, no aumento das doenças das plantas, bem como das pragas animais e no aumento das ervas daninhas. O controlo biológico de pragas pode ajudar a regular as doenças das plantas, o controlo das ervas daninhas e o controlo das pragas animais (Rippel, 2014).

Devido às alterações climáticas acima mencionadas e aos seus efeitos, devem ser efectuadas mudanças no futuro e a cultura biológica constitui uma alternativa. Esta estratégia de cultivo reflecte um caminho sustentável e orientado para o futuro (Rech et al., 2015). A Áustria é já um dos países pioneiros neste domínio e gostaria de o expandir ainda mais no futuro (Rech et al., 2015). Todos os anos, o número de explorações agrícolas biológicas na Áustria está a aumentar e prevê-se que, até 2022, mais de um quarto das terras agrícolas austríacas sejam dedicadas à agricultura biológica (Bundesministerium für Land- und Forstwirtschaft, Regionen und Wasserwirtschaft, 2023b).

A fim de apoiar as práticas de agricultura biológica, a utilização de pesticidas químicos é proibida quando se lida com os surtos de pragas. O controlo biológico das pragas é um dos métodos que pode ser utilizado na agricultura biológica. O controlo biológico de pragas divide-se em três formas. Estas são o controlo biológico clássico, o aumento e o tipo de conservação. No tipo clássico, são introduzidos inimigos naturais para controlar a praga, no tipo de conservação, os inimigos naturais são mantidos através de sebes ou faixas de flores, e no tipo de aumento são libertados inimigos naturais que ocorrem localmente (Cain, 2023). É desejável um aumento destas estratégias, assim como um aumento da agricultura biológica, bem como formas de gestão integrada das pragas e de agricultura sustentável. Estes conceitos serão descritos em maior pormenor mais adiante nesta tese.

A luta biológica contra as pragas é bem conhecida, assim como os seus efeitos positivos. Tendo em conta os factos acima referidos, esta parece ser a solução. No entanto, há uma série de obstáculos a estes métodos de cultivo e à utilização de agentes biológicos de controlo de pragas, que ainda são muito pouco aceites pelos agricultores. É urgente alterar o procedimento de autorização, que continua a estar sujeito às regras que regem os pesticidas químicos (Hulot & Hiller, 2021) . Estas estipulam que a toxicidade geral e o nível de resíduos tóxicos nos géneros alimentícios devem ser determinados aquando da aprovação de novos produtos. No entanto, este controlo não é obrigatório para os produtos biológicos, uma vez que estes são biodegradáveis (Hulot & Hiller, 2021).

Esta tese de mestrado faz parte do projeto IMPRESS, financiado no âmbito da rede europeia SusCrop ERA-NET. IMPRESS é a sigla de "Improving agrobiodiversity for resilient pest control services across landscapes" (Melhorar a agrobiodiversidade para serviços resilientes de controlo de pragas em paisagens). Os cinco países envolvidos no projeto são a Áustria, a Alemanha, a Suécia, a Lituânia e a Itália. De janeiro de 2023 a dezembro de 2025, estão a ser realizados ensaios de campo agroecológicos em culturas de cereais para o controlo biológico de pragas em terras agrícolas, com uma estreita cooperação entre as explorações agrícolas locais. Além disso, foram

realizadas entrevistas às partes interessadas com consultores agrícolas, membros de associações de agricultores, agricultores e decisores políticos em cada um dos cinco países participantes do projeto (Langthaler & McKhann, 2022; SusCrop-ERA-NET, 2021). A tese de mestrado inclui a implementação e avaliação das entrevistas às partes interessadas na Áustria, no âmbito do projeto IMPRESS. Os resultados das entrevistas de todos os países participantes são resumidos a fim de melhorar as práticas de agrobiodiversidade para resistência e as medidas de controlo biológico de pragas associadas. Além disso, as entrevistas a peritos nos cinco países destinam-se a melhorar a governação e as estratégias políticas no domínio do controlo biológico de pragas através de soluções no futuro (SusCrop-ERA-NET, 2022). Neste trabalho, são apresentados os resultados para a Áustria e as soluções associadas para o futuro, a fim de promover mais agrobiodiversidade e agentes de controlo biológico de pragas.
No final do projeto IMPRESS, em dezembro de 2025, serão realizados workshops para resumir os resultados das experiências de campo e das entrevistas e para fornecer recomendações sobre práticas de gestão, administração e política. O objetivo é criar um quadro para um possível controlo biológico de pragas resiliente em todas as áreas interessadas no futuro, que possa ser aplicado não só na teoria mas também na prática (Langthaler & McKhann, 2022).

O objetivo da tese de mestrado é melhorar a compreensão da gestão biológica das pragas entre as várias partes interessadas. Para tal, são essenciais os seus conhecimentos, reflexões, experiências, perspectivas e oportunidades para o futuro. Sabe-se que a utilização do controlo biológico conduz a um aumento dos níveis de agrobiodiversidade (Baker et al., 2020). Tudo isto torna os campos actuais mais resistentes a potenciais pragas. Como se pode ver, sabe-se muito sobre os potenciais efeitos positivos do controlo biológico, mas pouco se sabe sobre as atitudes e opiniões das partes interessadas relevantes que apoiam a aplicação de métodos de controlo biológico ou a sua utilização. Para promover o controlo biológico no futuro, são necessários incentivos financeiros, bem como conhecimentos específicos sobre os métodos de controlo biológico disponíveis e aplicáveis. Há também uma falta de alternativas biológicas suficientes. Para identificar estes obstáculos e desafios, foi utilizada uma abordagem qualitativa de investigação social. Foram realizadas entrevistas semi-estruturadas para descobrir quais as partes interessadas essenciais, o que permitiu a criação de uma matriz de poder. A matriz de poder divide as partes interessadas em quatro categorias num sistema de coordenação e mostra quem tem grande interesse e grande influência. As partes interessadas desta matriz de poder com grande interesse e influência foram então entrevistadas para compreender as suas opiniões sobre o controlo biológico das pragas. Com base nestas entrevistas, foi criada uma análise de rede para descobrir quem está a cooperar com quem e onde deve haver mais discussão no futuro. Através das entrevistas, foi possível responder às seguintes questões de investigação:

Q1: "Como é que os vários intervenientes na agricultura avaliam a aplicação do controlo biológico de pragas na Áustria? "

Q2: "Que medidas podem ser tomadas para promover o controlo

biológico das pragas na agricultura prática e que obstáculos dificultam a sua aplicação?"

II. Contexto

A. Desenvolvimento da agricultura

Num ecossistema natural, os organismos vivos interagem com factores abióticos e bióticos, regulam-se a si próprios e formam um equilíbrio. Estes ecossistemas naturais deixaram de existir na agricultura e em quase todas as outras áreas devido à imensa influência antropogénica. Ao longo dos tempos, os seres humanos têm cultivado muitas monoculturas, uma vez que estas permitem obter elevados rendimentos agrícolas. No entanto, isso também leva a efeitos negativos, como a infestação de pragas, o desenvolvimento de doenças e a infestação de ervas daninhas. As monoculturas carecem frequentemente de inimigos ou concorrentes que possam dizimar a propagação de pragas. Além disso, verifica-se um declínio da biodiversidade devido à agricultura unilateral e à utilização de pesticidas químicos. Para contrariar os efeitos negativos dos pesticidas químicos e do cultivo em monocultura, é preferível a gestão integrada das pragas (Blümel et al., 1998).

1. Produção vegetal integrada

A agricultura integrada é cada vez mais utilizada na agricultura, pois é uma forma de agricultura respeitadora do ambiente e permite obter rendimentos económicos eficientes. Esta forma de agricultura faz parte da agricultura sustentável (Buyung, 2021). Neste método, são utilizados métodos económicos, ecológicos e toxicológicos para manter as pragas abaixo do limiar de danos económicos. Os produtos químicos devem ser utilizados apenas como um complemento. O objetivo é praticar uma agricultura boa e sustentável sem danificar os recursos naturais e proteger o ambiente. A agricultura integrada também inclui a gestão integrada das pragas (IPM). A IPM utiliza principalmente métodos biológicos e mecânicos para regular doenças, ervas daninhas e pragas. A rotação de culturas adaptada e a seleção de variedades são também cruciais. As sequências de pulverização modificadas e uma escolha orientada de pesticidas são importantes para proteger os organismos benéficos e, num passo seguinte, para os manter no ciclo de controlo. A fertilidade do solo também é assegurada pelo cultivo cuidadoso do solo, pela consociação de culturas e por medidas de controlo da erosão (Doleschel & Demmel, 2014; Hajek & Eilenberg, 2018). A GIP protege o ecossistema e as culturas. Isto porque a menor utilização de pesticidas significa que o solo e a água não são contaminados e a biodiversidade é preservada. Os custos de produção são mantidos baixos devido à baixa utilização de pesticidas. É claro que este tipo de cultivo também inclui a rotação correta das culturas e a escolha certa das variedades, o que faz parte da gestão integrada das culturas (Buyung, 2021). A agricultura integrada pode ser imaginada como uma pirâmide. A base é formada pelas variedades de culturas corretas e diversificadas (gestão integrada das culturas), seguidas dos biopesticidas e da utilização de reguladores biológicos de pragas. Os pesticidas sintéticos formam o topo e, por conseguinte, a parte mais pequena da pirâmide (Buyung, 2021). As duas últimas partes da pirâmide pertencem à gestão integrada das pragas. As diretrizes para esta gestão são novamente reguladas por lei e estão sujeitas ao Regulamento da UE 834/07, que é o regulamento de base. A implementação prática é regulada pelo Regulamento da UE 889/2008 (Rech et al., 2015).

2. Mudança de gestão

Uma análise das práticas agrícolas mostra que 75% da diversidade das culturas alimentares se perdeu ao longo do último século devido ao cultivo de culturas geneticamente uniformes e de elevado rendimento. Outras consequências incluem o aumento das emissões de gases com efeito de estufa, a fragmentação dos solos, o cultivo de monoculturas e a utilização de pesticidas no passado. Por conseguinte, a agricultura sustentável está a ser cada vez mais promovida. Esta assenta no adubo verde e animal, no cultivo de culturas secundárias e na compostagem. Um outro sucesso pode ser visto nas consequências de fenómenos climáticos extremos. Os campos sustentáveis estão mais bem adaptados do que os campos convencionais. Têm significativamente mais solo superficial, mais vegetação, maior humidade do solo e menos erosão, o que leva a um limiar de tolerância mais elevado para fenómenos extremos (Gonzalez, 2011). Devido a estes factos e à adesão da Áustria à UE em 1995, cada vez mais agricultores optaram pela agricultura biológica. Os subsídios à agricultura biológica foram também criados em 1995 e os agricultores mostraram-se mais empenhados. A agricultura biológica exigia mais trabalho no campo, mas também implicava um maior risco e perdas de rendimento no início. Este facto foi compensado pelo aumento dos preços no produtor. Outra razão foi a consciencialização da população, que se está a tornar cada vez mais ecológica e, por conseguinte, exige mais produtos biológicos. Isto foi possível graças à comercialização de produtos biológicos nas cadeias de distribuição a partir de 1994 (Rech et al., 2015).

B. Agricultura biológica

1. Diferença em relação ao cultivo convencional

A agricultura biológica deve ser claramente distinguida do método convencional. Para comercializar produtos biológicos, é necessário cumprir os regulamentos e diretrizes relevantes. A lei regula-os. A agricultura biológica baseia-se em mecanismos de autorregulação e em ciclos fechados. Para a aplicação prática da autorregulação, é crucial aderir a uma rotação de culturas correta e diversificada, manter um cultivo suave do solo e utilizar organismos benéficos. Por ciclos fechados entende-se a produção de composto, bem como de estrume da própria exploração e o cultivo de leguminosas para garantir níveis suficientes de azoto no solo. A utilização de fertilizantes artificiais e pesticidas é proibida (Rech et al., 2015).

2. Benefícios da agricultura biológica

A cultura biológica tem muitas vantagens. Em comparação com o cultivo convencional, é frequentemente mais intensivo em termos de mão de obra, como o demonstra o controlo mecânico ou térmico das ervas daninhas ou o controlo de pragas em vez da rápida aplicação de produtos químicos. O cultivo de plantas adaptadas e a não utilização de produtos fitossanitários e fertilizantes químicos sintéticos mantêm as águas mais limpas e promovem a biodiversidade. As inspecções anuais dos fabricantes de produtos biológicos garantem a qualidade e a comercialização de alimentos sem OGM (Rech et al., 2015).

O controlo biológico de pragas tem a vantagem de não apresentar quaisquer riscos, como a poluição ambiental, os resíduos na colheita, a emergência de resistência e a ocorrência em massa de organismos nocivos ao matar o antagonista natural (Doleschel & Demmel, 2014; Hajek & Eilenberg, 2018). É, portanto, crucial ver e implementar isto juntamente com a agricultura integrada como a forma sustentável de agricultura do futuro. Esta é a única forma de alcançar os objectivos do Pacto Ecológico Europeu, tais como o objetivo de reduzir os pesticidas químicos em 50% e criar 25% de terras agrícolas biológicas até 2030 (Hulot & Hiller, 2021).

3. Factores de sucesso da agricultura biológica

Muitos factores são cruciais para o sucesso da agricultura biológica. Um deles é a fertilidade do solo para obter rendimentos sustentáveis e adaptados ao local. A rotação correta das culturas é essencial para uma agricultura sem muitas influências perturbadoras. O azoto, em particular, é frequentemente o nutriente limitante na agricultura biológica, uma vez que só pode ser disponibilizado através de estrume agrícola, resíduos vegetais e aglomerados de leguminosas. O cultivo do solo, as culturas intercalares e a rotação de culturas são, por conseguinte, importantes. Outro fator é o controlo das ervas daninhas. Uma colheita eficiente só é garantida se não houver demasiadas ervas daninhas na cultura. Na agricultura biológica não são permitidos stocks incompletos. Se estes factores, bem como a escolha correta da variedade e a sanidade das sementes, forem seguidos, muitas vezes não há uma infestação maciça de pragas e doenças nas plantas. Em geral, há menos doenças fúngicas na agricultura biológica, uma vez que o teor de azoto é geralmente baixo (Schneck, 2014).

4. Obstáculos à implementação

A agricultura biológica tem muitas vantagens. No entanto, há também um grande ponto de crítica, que deve continuar a ser melhorado no futuro. O aumento constante da população significa que são necessários mais alimentos. Se tentarmos produzi-los exclusivamente com a agricultura biológica, este tipo de cultivo atinge os seus limites. Isto deve-se ao facto de o rendimento ser cerca de um terço inferior com esta estratégia de cultivo. Consequentemente, seria necessário cultivar mais 50% de terra para compensar estas perdas (Goretzki, 2023), e a falta de proteção contra doenças das plantas pode levar a uma diminuição dos rendimentos e a danos visíveis na qualidade dos produtos colhidos. Esta situação é particularmente evidente nos sectores da fruta, do vinho, dos produtos hortícolas e da batata. Há também uma falta de proteção contra algumas pragas, que só podem ser combatidas com insecticidas biológicos. Além disso, surgem deficiências quando as sementes e o material vegetal não estão adaptados de forma ideal ou quando é necessária uma lavoura profunda devido à ausência de fertilizantes químicos, o que, por sua vez, resulta na compactação do solo e na mineralização do carbono do solo (Haller et al., 2019).

Embora existam numerosos métodos biológicos de controlo de pragas sob a forma de insectos benéficos, estes não são frequentemente utilizados de forma extensiva na prática. A principal razão para tal é o tempo necessário para que o controlo biológico seja bem sucedido. Um outro défice surge quando é necessário controlar muitas doenças e espécies de pragas, uma vez que os métodos biológicos clássicos e aumentativos são frequentemente selectivos (Tischner & Demmel, 2014).

Tanto a falta de diretrizes orgânicas em relação ao requisito mínimo de rotação de culturas como às áreas prioritárias conduzem a fraquezas. Uma vez que não existe regulamentação da UE sobre o número mínimo de zonas prioritárias ou sobre a sua ligação em rede, este facto também conduziu ao empobrecimento e a um declínio da biodiversidade (Haller et al., 2019).

C. Controlo biológico de pragas

Tal como descrito nas secções anteriores, a agricultura biológica é considerada uma forma de agricultura sustentável, amiga do ambiente e mais saudável. No entanto, as pragas continuam a representar um perigo, mas os métodos biológicos de controlo das pragas podem ajudar. O controlo biológico de pragas faz parte da gestão integrada de pragas, que foi descrita em pormenor numa secção anterior. Em primeiro lugar, é necessário distinguir o biocontrolo (BC) da bioprotecção. O biocontrolo refere-se à utilização de organismos vivos e/ou substâncias naturais para prevenir danos e doenças. Estes danos e doenças são causados por pragas, agentes patogénicos e ervas daninhas (Hulot & Hiller, 2021). A bioprotecção, por outro lado, refere-se à proteção dos seres humanos e do ambiente, bem como dos seus organismos-alvo, utilizando estas estratégias (Hulot & Hiller, 2021).

Assim, podem distinguir-se três estratégias de biocontrolo. Macrorganismos, tais como insectos e nemátodos para fins de biocontrolo. Microorganismos, como vírus, bactérias e fungos. Semioquímicos, tais como feromonas e substâncias naturais de origem mineral, vegetal ou animal (Hulot & Hiller, 2021).

Um forte argumento contra a utilização da CB é o facto de não ser suficientemente eficaz (Hulot & Hiller, 2021). Este facto nem sempre foi confirmado. As BC e as suas estratégias estão constantemente a melhorar. Muitas vezes, uma combinação de agentes químicos ligeiros e BC é uma excelente solução, também para evitar a resistência (Hulot & Hiller, 2021). Assim, a utilização de BC não é apenas possível na agricultura biológica, mas também na agricultura convencional, com uma perda anual de 20-40% da produção agrícola global devido a danos causados por pragas. Embora esta perda possa ser reduzida por meios químicos, o ambiente e a saúde humana são prejudicados em resultado disso. No futuro, o biocontrolo pode ser uma solução orientada para objectivos específicos, representando assim uma agricultura sustentável (Hulot & Hiller, 2021).

Existem atualmente várias opções biológicas de proteção das plantas. A criação em massa de insectos vivos e a importação de insectos benéficos não nativos são frequentemente utilizadas para o controlo de pragas. A utilização de insectos benéficos é atualmente utilizada sobretudo em estufas. No entanto, também deve ser mencionado aqui que esta estratégia é utilizada tanto no cultivo convencional como no biológico (Rech et al., 2015). Para utilizar insectos benéficos no campo, devem ser criadas condições adequadas. A manutenção de sebes e a utilização de flora infestante são importantes neste contexto.

Outro efeito positivo dos insectos benéficos, para além da redução das pragas, é a sua contribuição para a polinização das culturas (Blümel et al., 1998). Na área da redução de pragas, o modo de ação dos organismos benéficos pode ser identificado como predador ou parasita. Uma relação típica entre predador e presa no agro-ecossistema é o ácaro predador *Phytoseiulus persimilis,* que destrói completamente a presa na estufa. Num sistema aberto, ou seja, no campo, a destruição completa é difícil, uma vez que a presa pode procurar esconderijos ou o estádio de desenvolvimento muda e o predador deixa de estar interessado na presa. Para utilizar este tipo de controlo na agricultura, é necessário ter em conta a dinâmica das populações. Isto significa que influências externas podem levar a flutuações na densidade das populações de predadores e de presas. Se as presas forem insuficientes para os predadores, estes podem frequentemente reorientar-se e alimentar-se de outras espécies ou de substâncias vegetais. Isto cria um equilíbrio biológico, que funciona melhor quanto mais rica em espécies for a zona (Blümel et al., 1998).

Existem também vírus, fungos e bactérias patogénicos para os insectos que podem ser utilizados como proteção das plantas. As preparações virais são frequentemente utilizadas na fruticultura e na horticultura e, no caso das bactérias, devem ser mencionadas as estirpes de *Bacillus thuringiensis*, que são eficazes contra lagartas parasitas na agricultura austríaca. A eficácia destas biopreparações pode ser aumentada para algumas espécies de pragas se for adicionado açúcar ao caldo de pulverização de *B. thuringiensis*. Todas as biopreparações são aplicadas por pulverização e são altamente selectivas (Blümel et al., 1998). Os chamados métodos de controlo biotécnico baseiam-se na utilização de feromonas e dissuasores (Tischner & Demmel, 2014). Para proteger o mais possível os organismos benéficos nos campos e minimizar o uso de medidas de proteção das plantas, devem ser seguidas várias acções . Estas incluem a instalação de armadilhas, a inspeção visual das pragas e o seguimento das informações fornecidas pelos serviços de alerta. (Blümel et al., 1998).

D. Agrobiodiversidade

A agrobiodiversidade está a ser cada vez mais utilizada na agricultura, uma vez que tem muitos efeitos positivos. À medida que a procura de produtos sustentáveis e biológicos aumenta, a diversidade agrícola é cada vez mais necessária para proteger a redução de pragas resultantes de perdas de colheitas. Estudos demonstraram uma redução da infestação de pragas através da utilização de faixas de flores dentro e à volta de pomares de macieiras. A redução de pragas é ainda maior se as tiras de flores forem cultivadas dentro do pomar e não no limite do campo (Sigsgaard & Jacobsen, 2017). Para além das faixas florais, outras aplicações, como a rotação de culturas, o controlo biológico de pragas, a seleção adequada de variedades, as culturas de cobertura e as zonas de conservação onde não se realiza qualquer cultivo, são cruciais para garantir a biodiversidade no campo. É feita uma distinção entre a agrobiodiversidade in-situ e ex-situ. In-situ significa a preservação de plantas no seu habitat natural. Ex-situ refere-se à preservação de plantas ou partes de plantas fora do seu habitat natural, ou seja, em jardins botânicos ou bancos de genes (Trajkova et al., 2021).

Os efeitos positivos da agrobiodiversidade foram demonstrados em muitos estudos com pequenos agricultores. Em particular, o efeito da agrobiodiversidade na resiliência dos pequenos agricultores. No entanto, as definições não estão claramente definidas e apresentam deficiências. Muitas vezes, os indicadores para medir a resiliência não são claramente escolhidos, pelo que nunca houve um quadro operacional comum no passado. Uma definição clara de resiliência e a sua mensurabilidade tornar-se-ão cada vez mais importantes nos próximos anos, uma vez que a Agenda 2030 visa o desenvolvimento sustentável e a resiliência também está incluída (Bravo-Peña & Yoder, 2024; Cochrane & Cafer, 2018). Muitas vezes, apenas os benefícios da agrobiodiversidade são confirmados, mas a resiliência não é medida. Também é criticado o facto de a diversificação trazer vantagens, mas não alcançar resultados como estratégia autónoma.

Pelo contrário, é importante a diversidade biológica funcional, que deve também satisfazer outros factores para obter resultados globais positivos. Nalguns casos, foi demonstrada uma estratégia desadaptativa, que conduz a uma menor produtividade e a uma maior suscetibilidade às doenças devido à agrobiodiversidade. Isto depende, entre outras coisas, da quantidade de diversificação no campo e da própria cultura. Mais importante ainda é o tipo de cultura e não o número de plantas (Bravo-Peña & Yoder, 2024). Para permitir a diversidade, são também necessários custos elevados para espécies especiais na biodiversidade in-situ, que nem todos os agricultores podem implementar. Por exemplo, no início, são de esperar elevados custos de investimento e atrasos no rendimento de algumas culturas (Cochrane & Cafer, 2018).

E. Agricultura na Áustria

1. Classificação das terras agrícolas e dos seus tipos de cultivo

32% da superfície total da Áustria é utilizada como terra agrícola. Metade desta área é utilizada como terra arável e a outra metade é principalmente utilizada como pastagem permanente. Existem mais de 100.000 explorações agrícolas e, em média, são cultivados 20 hectares de terra por agricultor (Europaische Kommission, 2023). As terras aráveis encontram-se sobretudo no leste da Áustria, enquanto os prados estão localizados no oeste. A cultura de cereais em terras aráveis consiste em cereais de inverno e de verão, bem como em trigo mole e milho. Na cultura do milho, é feita uma distinção entre o milho em grão, em que toda a planta é deixada no campo e apenas o fuso é colhido, e o milho de silagem, em que toda a planta é colhida e depois utilizada para alimentação animal ou biogás. Outras áreas cultivadas incluem a cevada de inverno e de primavera, o centeio, o triticale (um cruzamento entre o trigo e o centeio), o trigo duro, a aveia e a espelta (Bundesministerium für Land- und Forstwirtschaft, Regionen und Wasserwirtschaft (BML), 2024). A figura 1 mostra o volume de produção de cereais (exceto milho) em 2023 para os estados federais da Áustria, em 1000 toneladas (Ahrens, 2024). A Baixa Áustria tem, de longe, o maior volume de produção de cereais. A Alta Áustria atinge quase metade deste volume de produção. Seguem-se o Burgenland, a Estíria e a Caríntia, mais uma vez a uma distância considerável. Os outros Estados federados voltam a produzir muito menos.

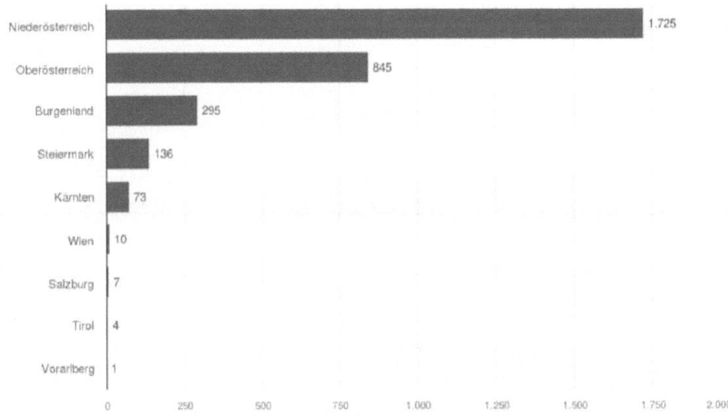

Figura 1: Volume de produção de cereais (exceto milho) na Áustria por província para 2023 (em 1.000 toneladas); Fonte: AMA Marketing 11.01.2024;

https://de.statista.com/statistik/daten/studie/591873/umfrage/getreideernte-in-oesterreich-nach- bundeslaendern/

A maior área é ocupada pelo trigo mole, com mais de 200 000 hectares de superfície cultivada, e pelo milho para grão, com quase 200 000 hectares. Segue-se a cevada de inverno, o milho de silagem e o trictiale. As outras áreas de cultivo de cereais ocupam muito menos hectares. A figura dois mostra os tipos de cultivo em hectares. Se compararmos os valores de 2020 (antigo plano da PAC) e 2023 (novo plano da PAC), verifica-se uma diminuição da área de cevada de inverno, milho de silagem, trictiale, centeio, cevada de primavera, mistura de trigo com centeio e espelta. Em contrapartida, regista-se um aumento do trigo mole, do milho para grão e do trigo duro (Ahrens, 2024). A figura 2 mostra a distribuição das áreas de cultivo de cereais para 2023 na Áustria.

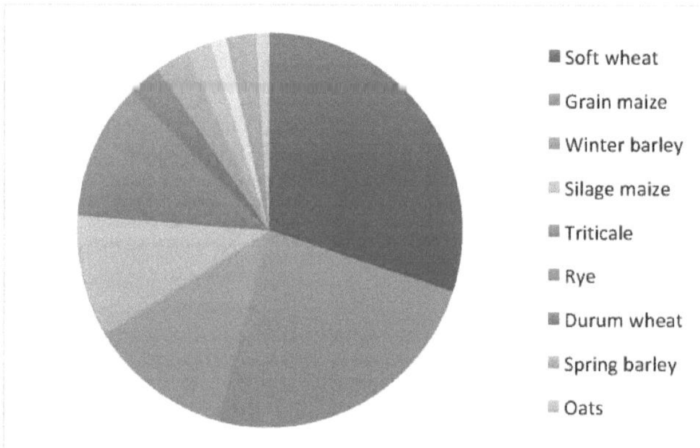

Figura 2: Superfície agrícola de cereais e milho na Áustria (2023); Baseado em AMA Marketing 2024; https://de.statista.com/statistik/daten/studie/591151/umfrage/anbauflaeche-von-getreide- in-oesterreich/

2. Pagamentos da UE, do Estado e do governo federal para a agricultura e a silvicultura

O orçamento agrícola da Áustria pode ser dividido em fundos comunitários, estatais e federais. Os montantes dos pagamentos dependem da dimensão do respetivo estado federal. O orçamento tem vindo a aumentar continuamente desde há anos. Em 2022, estavam disponíveis 2 757 milhões de euros para a agricultura e a silvicultura (em julho de 2023) (Bundesministerium für Land- und Forstwirtschaft, Regionen und Wasserwirtschaft, 2023b).

A Política Agrícola Comum (PAC) é um programa à escala da UE que tem por objetivo apoiar os agricultores, promover o desenvolvimento sustentável e a economia nas zonas rurais. Esta foi introduzida pela Comissão Europeia em 1962 (Generaldirektion Landwirtschaft und landliche Entwicklung, 2023). Os objectivos da PAC são assegurar a competitividade sustentável e a resiliência das explorações agrícolas. Visa igualmente garantir a segurança alimentar e a proteção dos recursos naturais e do clima (Europaische Kommission, 2023).

Primeiro e segundo pilares: Fundos da UE

Os pagamentos da Política Agrícola Comum (PAC) podem ser divididos em três pilares. O primeiro e o segundo pilares representam pagamentos provenientes de fundos da UE e o terceiro pilar inclui pagamentos provenientes de fundos nacionais (Bundesministerium für Land- und Forstwirtschaft, Regionen und Wasserwirtschaft, 2023b). Os pagamentos da PAC são efectuados a partir de dois fundos do orçamento da UE. Os dois fundos são o Fundo Europeu Agrícola de Garantia (FEAGA) e o Fundo Europeu Agrícola de Desenvolvimento Rural (FEADER) (Generaldirektion Landwirtschaft und landliche Entwicklung, 2024).

O primeiro pilar inclui os pagamentos diretos. Os pagamentos diretos consistem no prémio "greening" e no prémio de base, que se resume a um prémio por superfície. Existem ainda pagamentos diretos para os jovens agricultores (Bundesministerium für Land- und Forstwirtschaft, Regionen und Wasserwirtschaft, 2023b). O segundo pilar abrange o desenvolvimento rural. Este programa está a decorrer desde 2014 (duração 2014-2020). Inclui os pagamentos ÖPUL (programas austríacos de promoção de uma agricultura extensiva amiga do ambiente e protetora dos habitats naturais). Estes estão divididos em cinco categorias e incluem medidas agro-ambientais e climáticas, agricultura biológica, pagamentos de áreas NATURA

2000, diretivas-quadro relativas à água e bem-estar animal. Em média, uma exploração agrícola participa em três medidas ÖPUL (Bundesministerium für Land- und Forstwirtschaft, Regionen und Wasserwirtschaft, 2023b). Para receber o subsídio, é necessária uma avaliação prévia da área e uma confirmação do projeto. Este pode ser solicitado nos anos seguintes através do Agrar Markt Austria (AMA) (Abteilung Umweltschutz, 2023). Outros pagamentos para o desenvolvimento rural incluem o subsídio de compensação por desvantagens naturais, investimentos materiais, serviços básicos e renovação de aldeias, assistência técnica e redes nacionais (Bundesministerium für Land- und Forstwirtschaft, Regionen und Wasserwirtschaft, 2023b). Em números, isto resulta em pagamentos da PAC apenas para pagamentos relacionados com a superfície para uma exploração biológica / ha de terra de 807 euros. Em comparação, uma exploração convencional recebe 563 euros (Bundesministerium für Land- und Forstwirtschaft, Regionen und Wasserwirtschaft, 2023b).

A partir de 2023, os dois pilares foram reestruturados. A mudança significa que os pagamentos diretos aos agricultores são reduzidos. O pagamento de base será agora normalizado para um prémio por hectare de terra. No entanto, haverá agora mais dinheiro disponível para as medidas ÖPUL. A fim de compensar as perdas do pagamento de base do primeiro pilar, os agricultores podem participar cada vez mais nas medidas ÖPUL (Landwirtschaftskammer Österreich, 2022b).

As alterações aos pilares a partir de 2023 podem ser consultadas no quadro 1. O período da PAC vai agora de 2023 a 2027. O primeiro pilar é financiado exclusivamente por fundos da UE. O segundo pilar é financiado tanto por fundos da UE como por fundos nacionais (Bundesministerium für Land- und Forstwirtschaft, Regionen und Wasserwirtschaft, 2023a).

Quadro 1: Afetação do primeiro e segundo pilares dos pagamentos para o período da PAC (2023-2027)

1. Pillar: Direct payments	2. Pillar: Rural development
Eco-schemes	Compensatory allowance
Basic payments	Project measures
Farming premiums	Agri-environmental programs ÖPUL
Young farmers	

Uma nova componente do Regulamento ÖPUL 2023 é a gestão amiga do ambiente promotora da biodiversidade (UBB). Isto significa que, para todas as explorações agrícolas convencionais e biológicas participantes, deve ser criada uma área de biodiversidade de 7% a partir de 2 hectares de terra arável ou de pastagem. Isto também torna as explorações convencionais um pouco mais sustentáveis (Landwirtschaftskammer Österreich, 2022c).

Outra medida a partir de 2023 inclui a utilização de organismos benéficos. Esta medida exige obrigações rigorosas. Por um lado, apenas as áreas sob película ou vidro são subsidiadas. A utilização de organismos benéficos deve substituir um produto fitofarmacêutico. Da mesma forma, os agricultores envolvidos não podem participar noutro programa em que o controlo biológico já tenha sido subsidiado. Se essas obrigações forem cumpridas, eles recebem um subsídio de € 2.000 / ha (Landwirtschaftskammer Österreich, 2022a).

Terceiro pilar: Fundos nacionais

Os fundos nacionais, ou seja, os fundos federais e estatais, constituem o terceiro pilar do orçamento agrícola. Estes consistem, por um lado, em programas de desenvolvimento rural e em seguros de colheitas e de riscos. A PAC apoia principalmente a agricultura e a silvicultura austríacas. Existem também diretrizes especiais que são pagas com fundos nacionais. O trabalho nesta área inclui principalmente a agricultura biológica (associações biológicas), a produção de culturas e a gestão de sementes, bem como a proteção integrada das plantas (Bundesministerium für Land- und Forstwirtschaft, Regionen und Wasserwirtschaft, 2023c).

As associações biológicas podem receber financiamento se realizarem acções de relações públicas através de seminários, conferências e publicações (Bundesministerium für Land- und Forstwirtschaft, Regionen und Wasserwirtschaft, 2023c).

O financiamento da produção vegetal e da gestão das sementes inclui medidas destinadas a melhorar e conservar as sementes e a melhorar os produtos vegetais (Bundesministerium für Land- und Forstwirtschaft, Regionen und Wasserwirtschaft, 2023c).

O financiamento no âmbito da proteção integrada das plantas visa garantir uma produção agrícola respeitadora do ambiente e reduzir ao mínimo os produtos fitofarmacêuticos químicos. Em vez disso, devem ser utilizadas mais medidas biológicas, biotécnicas, culturais e de cultivo (Bundesministerium für Land- und Forstwirtschaft, Regionen und Wasserwirtschaft, 2023c).

2. Regulamentos e sistemas de controlo

A agricultura biológica é legalmente protegida pelo Regulamento da UE n.º 834/2007, Regulamento de base da CE. Para além dos regulamentos biológicos da UE, existem também orientações da associação. Estas incluem diretrizes como, por exemplo, pelo menos 50% de autossuficiência com os alimentos da própria exploração, restrições à compra de estrume da exploração e a exclusão de factores de risco (sem áreas perto de auto-estradas) (Rech et al., 2015). Se uma exploração biológica for membro de uma associação biológica, estas diretrizes devem ser observadas para além dos regulamentos da UE. Estes são muitas vezes ainda mais rigorosos (Rech et al., 2015).

Na Áustria, o Agrarmarkt Austria (AMA) controla as explorações agrícolas biológicas. O AMA controla os subsídios que um agricultor recebe. Este é o gabinete de processamento de subsídios do Ministério Federal da Agricultura, Florestas, Ambiente e Gestão da Água (Rech et al., 2015). Todos os campos nos Estados-Membros da UE são geridos e controlados pelo sistema integrado de gestão e controlo (INVEKOS). A AMA efectua então o pagamento. O sistema INVEKOS contém acesso a todos os campos cultivados através de sistemas de informação geográfica (SIG), pelo que as áreas a subsidiar podem ser monitorizadas através do sistema SIG INVEKOS e introduzidas pelo agricultor (Bundesministerium für Land- und Forstwirtschaft, Regionen und Wasserwirtschaft, 2024).

III. Metodologia

A. Metodologia das entrevistas com as partes interessadas

1. Entrevistas semi-estruturadas para criar a cartografia das partes interessadas

A tese de mestrado faz parte do projeto IMPRESS e este projeto visa melhorar as áreas agrícolas no futuro através da utilização de mais agrobiodiversidade e controlo biológico de pragas. Para tal, estão a ser realizadas entrevistas semiestruturadas a peritos em cada um dos cinco países envolvidos. Entrevistas com peritos porque representam um grupo inteiro. As entrevistas semi-estruturadas foram realizadas para obter informações sobre a gestão, os princípios políticos e também as suas aplicações práticas no terreno em relação à luta biológica contra as pragas. As entrevistas foram estruturadas de forma aberta, a fim de obter um amplo espetro de informações e percepções e, assim, aproveitar o conhecimento implícito do perito (Bogner et al., 2009).

A figura 3 mostra todo o processo metodológico visualmente em cinco etapas, antes de ser descrito em mais pormenor. Numa primeira fase, foram previamente considerados os potenciais PSA para a agricultura e para a implementação orientada para a solução do projeto IMPRESS na Áustria. Estes foram então contactados por correio eletrónico e convidados para uma entrevista (cada ponto representa um PSA entrevistado). Na primeira entrevista semi-estruturada, os peritos participantes voltaram a nomear peritos que são apresentados na figura com pontos mais pequenos (Passo 2).

Todas as PCH nomeadas puderam então ser classificadas numa Matriz de Poder, de acordo com o seu elevado e reduzido interesse e impacto. No penúltimo passo, foram novamente realizadas entrevistas semi-estruturadas com os especialistas em ciências da saúde do terceiro quadrante da Matriz de Poder, nomeadamente os que tinham um elevado impacto e interesse. No último passo (Passo 5), as segundas entrevistas semi-estruturadas foram avaliadas e foi efectuada uma análise de conteúdo qualitativa de acordo com Mayring (2000) e foi criada uma rede de TS.

Step 1	Step 2	Step 3	Step 4	Step 5
1. Semi-structured Interviews	Evaluation of the 1st semi-structured interviews	Create Power of Matrix through the evaluation of the 1st semi-structured interviews	2. Semi-structured interview with the experts of the 3rd quadrant of the power of matrix	Evaluation of the 2nd semi-structured interview
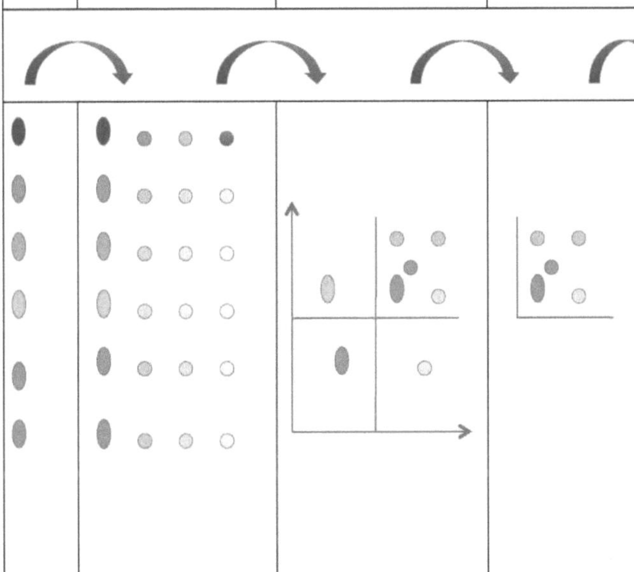				Qualitative content analysis (Mayring 2000) & Create Network analysis

Figura 3: Apresentação de todo o processo metodológico

Antes da realização das primeiras entrevistas, foi realizada uma sessão de brainstorming para determinar quais os SH mais importantes neste sector, a fim de obter um resultado específico para o projeto IMPRESS. Com base nesta sessão de brainstorming, os primeiros peritos foram convidados para uma entrevista por correio eletrónico. Com a ajuda do sistema de bola de neve, foram nomeados repetidamente novos peritos na entrevista semi-

estruturada. Estes peritos recém-nomeados foram então convidados para uma entrevista. Alguns especialistas em ciências da saúde recusaram a entrevista por falta de tempo ou por não responderem ao correio eletrónico, pelo que nem todos os especialistas em ciências da saúde previamente definidos puderam ser entrevistados.
O primeiro passo foi a realização de entrevistas semi-estruturadas com oito peritos. O objetivo desta primeira entrevista era que os peritos indicassem as partes interessadas mais importantes, na sua opinião, para a agricultura austríaca. Os peritos justificaram a sua seleção e também apresentaram razões pelas quais os peritos nomeados poderiam não estar dispostos a participar numa entrevista. Foi também pedido aos peritos que classificassem os peritos importantes agora nomeados de acordo com a sua influência no projeto e o seu interesse, numa escala de 0-5 (0= muito pouco, 5= muito elevado). Foi criada uma matriz de poder com base nas primeiras oito entrevistas semi-estruturadas efectuadas. A matriz de poder divide os PCHs nomeados nas entrevistas com peritos em quatro quadrantes. A divisão baseia-se no seu interesse e influência e pode ainda ser dividida em baixa e alta. Durante a entrevista, os peritos indicaram números numa escala e, com base nesses números, todas as PCH mencionadas foram divididas nos quatro quadrantes da Matriz de Poder (Every, 2020).

Tabela 2: Distribuição dos peritos entrevistados para as primeiras entrevistas semi-estruturadas.
Distribuição em número de entrevistas e data de realização, filiação da parte interessada e tipo de entrevista

Number of Interview	**Date**	**Affiliation of the stakeholder**	**Type of Interview**
1	23.11.2023	Research Institution	Expert-interview
2	15.12.2023	Farmer association, Bio Austria	Expert-interview
3	20.12.2023	Official Plant Protection Service	Expert-interview
4	21.12.2023	Farmer association, "Boden Leben"	Expert-interview
5	05.03.2024	Producers of Pest Control Products and Services	Expert-interview
6	05.03.2024	Producers of Pest Control Products and Services	Expert-interview
7	08.03.2024	Farmer, lower Austria	Expert-interview
8	13.03.2024	Austrian chamber of agriculture	Expert-interview

2. Classificação e seleção das partes interessadas para a segunda entrevista semi-estruturada

Com base nas primeiras oito entrevistas e na avaliação do Poder da Matriz, foram realizadas, numa fase seguinte, outras entrevistas semi-estruturadas com perguntas mais pormenorizadas. As PCH mencionadas nas primeiras entrevistas semi-estruturadas podem ser agrupadas em agricultores, associações de agricultores, autoridades públicas e ONG relevantes. Assim, para as segundas entrevistas semi-estruturadas, foram entrevistados 2 peritos do grupo dos agricultores, uma pessoa da associação de agricultores e as autoridades públicas incluíram 5 parceiros de entrevista e um parceiro de entrevista das ONG. O termo autoridades públicas é amplo e inclui representantes da investigação, produtores de produtos e serviços de controlo de pragas e serviços de proteção fitossanitária.

A classificação acima referida baseia-se em Abbott e Snidal (2009), que definem um triângulo de governação constituído pelo governo, o sector privado e as ONG. Entre eles, os agricultores pertencem ao sector privado, as associações de agricultores e as autoridades públicas ao governo e o último grupo é constituído pelas ONG. Esta é a base para a implementação de reguladores e normas. Se o triângulo de governação representar os mesmos interesses, é fácil encontrar uma solução comum. Se os grupos não cooperarem entre si, é difícil encontrar uma mudança, no meu caso para o controlo biológico de pragas (Abbott & Snidal, 2009).

Os peritos entrevistados para as segundas entrevistas semi-estruturadas são apresentados no quadro 3. Os peritos que foram entrevistados tanto na primeira como na segunda entrevista semi-estruturada estão assinalados com um asterisco. Isto significa que quatro dos nove peritos foram entrevistados em ambas as entrevistas semi-estruturadas.

Quadro 3: Distribuição dos peritos entrevistados de acordo com o número e a data da entrevista. Os peritos que foram entrevistados em ambas as entrevistas semi-estruturadas estão assinalados com um *. Classificação adicional dos SH de acordo com a afiliação e o tipo de entrevista

Number of Interview, date	**Affiliation of the stakeholder**	**Type of Interview**
1*, 17.04.2024	Official Plant Protection Service	2.Semi-structured interview
2*, 04.04.2024	Farmer association, "Boden leben"	2.Semi-structured interview
3*, 28.03.2024	Producers of Pest Control Products and Services	2.Semi-structured interview
4*, 26.03.204	Farmer, lower Austria	2.Semi-structured interview
5, 02.04.2024	Federal Ministry of Agriculture	2.Semi-structured interview
6, 08.04.2024	Farmer, Carinthia	2.Semi-structured interview
7,	Researcher	2.Semi-structured

17.04.2024		interview
8, 26.04.2024	NGO	2.Semi-structured interview
9, 29.04.2024	Austrian Chamber of Agriculture	2.Semi-structured interview

B. Análise dos dados

1. Poder de Criação da Matriz

Foi pedido aos inquiridos nas primeiras entrevistas a peritos que indicassem nomes e grupos particularmente interessantes para a agricultura austríaca. A lista resultante de nomes e grupos-chave foi analisada uma a uma para determinar o seu interesse e impacto no projeto e os conhecimentos que as partes interessadas nomeadas possuem. Tanto o impacto como o interesse foram classificados pelas partes interessadas entrevistadas numa escala de 0-5 (escala ascendente, 0 = muito baixo, 5 = muito alto). Por último, foram inquiridos os possíveis critérios de exclusão da participação e os potenciais conflitos com outras partes interessadas (ver Fig.3).

As primeiras entrevistas semiestruturadas foram avaliadas utilizando o programa R, versão 4.2.0 (R Core Team, 2022). Foi criada uma matriz de poder utilizando os pacotes ggplot2 (Wickham, 2016) e ggrepel (Slowikowski, 2024). Com base na Matriz de Poder, que está dividida em impacto e interesse elevados e reduzidos, foram extraídas as partes interessadas mais importantes para a segunda entrevista.

2. Preparação de uma análise de conteúdo qualitativa de acordo com Mayring

A segunda entrevista consistiu num guião de entrevista semi-estruturada, frequentemente com muitas sub-perguntas. A entrevista foi uma entrevista semi-estruturada. Todas as entrevistas tiveram lugar em linha, duraram cerca de 60-80 minutos e foram gravadas através de zoom. Foram depois transcritas utilizando o software noscribe (versão 0.4.1) (Dröge, 2024). As entrevistas transcritas foram depois analisadas mais pormenorizadamente utilizando o MAXQDA (versão 24.2), atribuindo módulos de codificação às entrevistas transcritas (VERBI Software, 2024). Para o efeito, foi criado um guia de codificação, que pode ser visto na tabela quatro.

Para a avaliação dos inquéritos da segunda entrevista, foi utilizada a análise de conteúdo qualitativa de acordo com Mayring. Foi selecionada a análise de conteúdo estruturada (Mayring, 2000). O ponto de partida da análise de conteúdo incluiu as minhas duas questões de investigação:

Q1: "Como é que os diferentes intervenientes na agricultura avaliam a aplicação do controlo biológico de pragas na Áustria?"

Q2: "Que medidas podem ser tomadas para promover a luta biológica contra as pragas na agricultura prática e que obstáculos dificultam a sua aplicação?"

Numa fase posterior, foram desenvolvidos códigos indutivos e dedutivos a partir do material. Após a primeira análise do material, as categorias indutivas foram novamente revistas e complementadas ou reformuladas. Isto correspondeu ao teste de reprodutibilidade formativo. A isto seguiu-se uma revisão completa de todas as entrevistas transcritas e um teste de reprodutibilidade sumativo. Nalguns casos, foram exploradas outras subcategorias e novas categorias. A utilização de categorias indutivas e dedutivas deu origem a um guia de codificação (Mayring, 2000). No final, foram criados resumos dos códigos das entrevistas para estruturar o material e poder interpretar melhor os resultados numa fase posterior.

Quadro 4: Guia de codificação para a avaliação das entrevistas com peritos. Dividido em categoria principal, subcategoria associada, se disponível, e descrição da categoria

Main category	**Sub category**	**Explanation**
Stakeholder description	Relation to grain	Description of the tasks and position in the company of the various interviewed stakeholders. Explanation of the relationship to grain in their organization.
Natural pest control and biological pest control		Explanation of the term natural pest control and biological pest control
Reasons for using Conservational Biological Control (methods in cereal cultivation)	Positive results	Description of pest control methods in grain cultivation and their positive results.
Conservational BC methods in IPM or stand-alone method		In what context are natural pest control methods used? Exclusively CBC or within the framework

		of IPM.
Pest control measures in cereal fields in Austria:	Proportion of natural pest control in practice in Austria	Description of the pest control measures used in grain in Austria. Stakeholder assessment of the proportion of natural pest control used in grain in Austria and their explanation for this.
Potential of natural pest control	Ecological disturbances	Assessment of natural pest control in relation to ecological disturbances, such as future climate disasters.
	Social disturbances	Assessment of natural pest control in relation to social disturbances, such as labour shortages.
	Economic disturbances	Assessment of natural pest control in relation to economic

		disruptions, such as supply shortages.
	Institutional disturbances	Assessment of natural pest control in relation to institutional disturbances, such as wars and other conflicts.
Current political decisions	Problems with political decisions	Explain current policy decisions related to biological pest control and their potential policy problems.
Agricultural or environmental policy	Cooperation	Classification of natural pest control into agricultural or environmental policy and explanation of their cooperation.
Measures to promote biological pest control	Assessment of the measures	Stakeholders identified the measures they knew about in relation to promoting biological pest control and gave their assessment.

Implementation of the BC in the federal states		How are the BC implemented in the federal states of Austria? Are there differences between the federal states?
Future Motivational measures		Stakeholders identified measures that motivate farmers to apply biological pest control on their fields.
Obstacles to biological pest control		Stakeholders cited reasons that prevent farmers from applying biological pest control on their fields.

3. Análise de rede

Através de um total de 17 entrevistas (8 para as primeiras entrevistas semi-estruturadas, 9 para as segundas entrevistas semi-estruturadas), foi criada uma rede de partes interessadas para ver que grupos existem no sistema agrícola na Áustria, quem coopera com quem e onde é desejável mais comunicação no futuro. Na primeira entrevista, foram definidos os peritos mais importantes para o sistema agrícola e na segunda entrevista foi dada informação sobre quem está ligado a quem e como. Para este efeito, foi mostrada a cada parte interessada uma rede básica na segunda entrevista, na qual apenas o sistema agrícola é visível no meio e todos os grupos de partes interessadas estão dispostos à sua volta (Fig. S1). Os SH mencionados nas primeiras entrevistas semi-estruturadas foram combinados em grupos principais de nível superior. Por exemplo, os armazéns RWA (Raiffeisen Ware Austria), o comércio grossista e retalhista e o Centro de Investigação e Inovação Agrana mencionados foram combinados num único ponto: Indústria/Comércio. A rede de base foi novamente avaliada com o software R, versão 4.2.0 (R Core Team, 2022). Para o efeito, foi utilizado o pacote igraph (Csárdi et al., 2024).

A primeira criação da rede, que foi mostrada durante a segunda entrevista para ilustrar os pontos de ligação, foi criada com base numa Rede Agrícola da Índia (Mukherjee et al., 2022). Uma vez que a Rede Agrícola contém componentes semelhantes em todos os países, esta apenas teve de ser ligeiramente adaptada para criar uma Rede Agrícola para a Áustria. A rede de Mukherjee et al. 2022 também contém componentes como os Consumidores e a Indústria de Processamento e Embalagem. A Indústria de Processamento e Embalagem é resumida no modelo para a Áustria como um ponto para Comércio/Indústria. Os Consumidores não foram definidos como um grupo decisivo pelo SH na primeira entrevista e, portanto, não foram adicionados à rede agrícola para a Áustria.

4. Limitações

As limitações também devem ser mencionadas em todas as análises de dados efectuadas. Foi realizado um total de 8 entrevistas para criar a Power of Matrix, 9 pessoas das quatro áreas de partes interessadas (ONG, agricultores, associação de agricultores e autoridades públicas) foram entrevistadas para a análise qualitativa de conteúdo, e a avaliação de todas as 17 entrevistas foi utilizada para a análise da rede. As limitações resultantes da metodologia devem-se principalmente à subjetividade das pessoas entrevistadas e ao equilíbrio dos quatro grupos de partes interessadas (Lindner, 2019).

IV. Resultados

A. Avaliação dos inquéritos às partes interessadas

O capítulo seguinte resume os resultados da primeira e da segunda entrevistas semi-estruturadas. Em primeiro lugar, é apresentado e descrito o mapeamento das partes interessadas resultante das primeiras entrevistas com peritos. Segue-se a análise qualitativa do conteúdo das segundas entrevistas semi-estruturadas. Por último, é ilustrada a ligação em rede dos intervenientes na Áustria e a sua futura necessidade de uma comunicação mais intensa na Áustria, com base nas segundas entrevistas semi-estruturadas.

Mapeamento das partes interessadas do primeiro inquérito por entrevista

A Figura 3 mostra os resultados do primeiro inquérito por entrevista para criar a Matriz do Poder. Em cada entrevista, os oito intervenientes entrevistados nomearam uma média de 10 (média 10,9) intervenientes potencialmente interessantes que são importantes para a agricultura austríaca. Em quase todas as entrevistas foram mencionados nomes ou grupos de partes interessadas particularmente interessantes, como a Câmara da Agricultura, o Ministério, os agricultores, bem como institutos de investigação e associações agrícolas. A matriz de poder é formada a partir destes resultados (Fig. 3).

A Matriz do Poder mostra uma divisão das partes interessadas em quatro quadrantes. Estes poderiam então ser divididos em alto e baixo impacto e no seu interesse. Uma vez que os inquiridos classificaram o interesse e o impacto entre 0 e 5, o meio foi desenhado com um valor de 2,5. O quadrante 1 mostra quatro partes interessadas com pouco interesse e pouco impacto. Estas incluem o Agrarmarkt Austria, os políticos, a Agência Federal do Ambiente e a Câmara de Comércio. Ninguém deste quadrante foi entrevistado nas segundas entrevistas a peritos. O segundo quadrante de apenas apresentou uma resposta para um impacto elevado e um nível de interesse baixo. Aqui se incluem os conselheiros agrícolas. Também aqui não foram efectuadas mais entrevistas. A maioria das partes interessadas encontrava-se no quadrante 3, que é definido como de elevado impacto e elevado interesse e, por conseguinte, inclui também as partes interessadas mais importantes. Nove pessoas deste quadrante foram entrevistadas na segunda entrevista com peritos. Não foi encontrado nenhum interveniente no quadrante 4 (pouco interesse, pouco impacto). Para uma análise mais pormenorizada dos intervenientes mais importantes (do quadrante 3), nomeadamente os que têm grande impacto e grande interesse, ver Figura quatro.

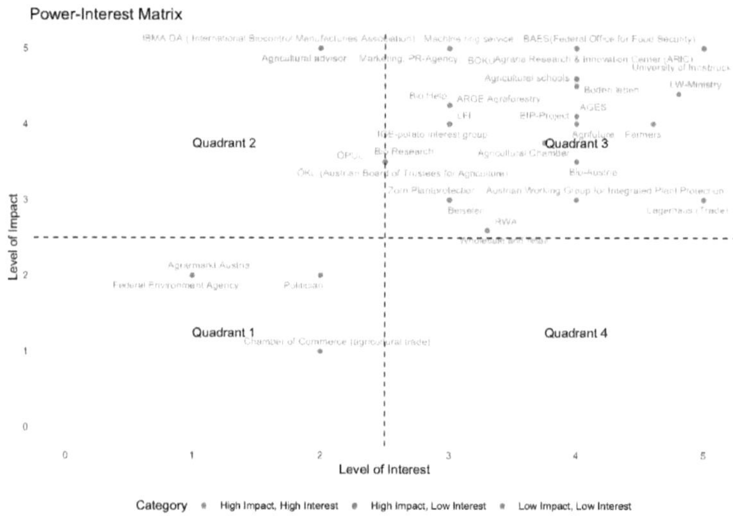

Figura 4: Matriz de interesse do poder para a Áustria com base em 8 entrevistas realizadas com partes interessadas de vários sectores na Áustria. Classificação em quatro quadrantes, de acordo com o impacto elevado e o interesse elevado (vermelho), o impacto elevado e o interesse reduzido (verde) e o impacto reduzido e o interesse reduzido (azul).

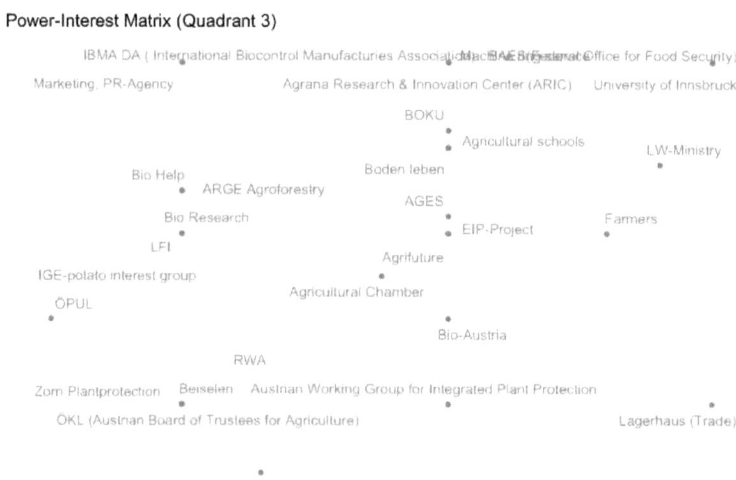

Figura 5: Representação pormenorizada do terceiro quadrante. Partes interessadas com elevado impacto e elevado interesse. Análise qualitativa de conteúdo das segundas

B. Análise qualitativa de conteúdo das segundas entrevistas semiestruturadas

Esta secção apresenta os resultados das segundas entrevistas a peritos e o guia de codificação utilizado (ver Quadro 4).

1. Descrição das partes interessadas

A fim de obter opiniões de peritos importantes, que são cruciais para a aplicação na agricultura, foram entrevistados dois agricultores (Caríntia e Baixa Áustria), um presidente de uma associação de agricultores, dois peritos do sector político (Ministério da Agricultura e Câmara da Agricultura), um perito de uma ONG, uma pessoa do sector da investigação, um perito do serviço de proteção fitossanitária e um empresário que produz produtos de controlo de pragas e sementes (ver Quadro 5). Cada um dos peritos tem uma relação diferente com os cereais. Quatro dos nove entrevistados concordaram com a primeira e a segunda entrevistas semi-estruturadas . Um representante ONG, o investigador, o representante do Ministério da Agricultura e o segundo agricultor só participaram na segunda entrevista.

Ambos os agricultores têm explorações agrícolas biológicas. O primeiro agricultor cultiva trigo mourisco e milho de silagem, sendo o grão utilizado apenas para alimentação. O segundo agricultor cultiva quase exclusivamente cereais. A relação dos outros peritos com os cereais inclui a produção de sementes e de pesticidas naturais (Indústria). A associação entrevistada preocupa-se com a saúde do solo e o cultivo eficiente (associação de agricultores). Outros pontos focais dos grupos de partes interessadas incluem a utilização de produtos fitofarmacêuticos aprovados e a promoção de terras agrícolas e áreas de compensação (Ministério da Agricultura), a promoção de organismos benéficos nos campos e a sua investigação geral (Organização de Investigação) e a investigação para comparar variedades antigas de cereais com as actuais (Serviço de Proteção das Plantas). O quadro seguinte apresenta uma descrição mais pormenorizada das partes interessadas dos peritos inquiridos.

Quadro 5: Descrição mais pormenorizada das partes interessadas e das suas actividades

Stakeholder field of activity	**Description**
Industry	The expert comes from the seed company, which has existed since 1930. The company produces seed mixtures for gardening, landscaping, agriculture, high alpine areas and all other green areas. But also fertilizers, plants and pesticides.

Research	The researcher is involved in agro-ecology. Various projects are investigating how near-natural habitats in the agricultural landscape increase biodiversity and how ecological compensation areas can promote beneficial organisms in the adjacent fields.
Federal Ministry of Agriculture (AC-Ministery)	The expert from the Ministry of Agriculture deals with various topics, including the use of plant protection products. The expert's department deals with agri-environmental programs, compensatory allowances and organic farming, as well as their promotion. Land management methods with high ecological value, such as the creation of biodiversity areas and organic farming, are also supported.
Plant Protection Service	The person described works for the official plant protection service and coordinates the control, monitoring and control of quarantine pests as well as the use of plant protection products. The tasks also include controls during the movement of

	products and support with legal matters in logistics. The activities include both the indirect federal administration and the state administration.
1. Farmer	The farmer has an organic farm in Lower Austria. Here, clover grass, alfalfa, cereals, legumes and specialty crops such as buckwheat are grown. There are also biodiversity areas. The farm currently covers around 70 hectares, of which around 50 hectares are arable land and 20 hectares are grassland.
2. Farmer	The farm has been organically managed since 1995 and is located in Carinthia. The farm comprises 25 hectares of arable land and 10 hectares of grassland. The main crops grown are spelt, rye wheat, wild perennials, caraway, oats, sunflowers, flax, buckwheat and corn. The farm is constantly working on soil-protecting and soil-enhancing cultivation methods and relies on green cover and catch crops. In the last 10 years, an average of 1%

	more humus has been built up on all areas.
Farmer Association	The expert has been president of the association since 2019. The association consists of 640 members and focuses on soil-building and climate-adapted agriculture. There are often field days and webinar lectures in winter.
Chamber of Agriculture (AC-Chamber)	The expert is a consultant in the department of market policy for plant production.
NGO	The agricultural journalist has been working for the “Landschaft leben” association since November 2021, which is dedicated to raising awareness about food production, processing and consumption. He conducts background research on topics such as sustainability and climate in connection with agriculture and nutrition.

2. Perspectivas e apresentação do controlo natural e biológico das pragas

O grupo de peritos era tão diversificado quanto a sua resposta à questão da definição de controlo biológico e controlo natural de pragas. Os peritos vêem o futuro em ambas as formas, uma vez que cada vez mais pesticidas químicos estão a ser eliminados pela UE (Indústria). Do mesmo modo, a utilização de agentes biológicos é melhor para a saúde (1.Agricultor). A combinação de estratégias de controlo convencionais e biológicas também é utilizada e será mais considerada no futuro, uma vez que a resistência já é evidente (Ministério da Agricultura). De acordo com um perito, a luta natural contra as pragas faz parte da proteção integrada das plantas, na qual as medidas preventivas, como a localização, a variedade e a rotação de culturas, são particularmente importantes. Seguem-se os métodos mecânicos e biológicos (Serviço de Proteção das Plantas).

As opiniões dos agricultores mostram que estão familiarizados com os termos, mas não utilizam o controlo biológico sob a forma de organismos benéficos, utilizando apenas uma rotação diversificada de culturas, faixas floridas e estrume de curral, como ilustra a seguinte declaração:

"O controlo biológico de pragas é provavelmente necessário em culturas especializadas como a batata, mas não é necessário nas minhas explorações. As pragas indicam que algo está errado e que a planta está enfraquecida. É importante investigar as causas e abordá-las em vez de tratar apenas os sintomas. O controlo biológico de pragas é uma coisa boa, mas não se deve perder de vista a razão pela qual é necessário." (2º agricultor)

Não existe uma definição clara de praga natural e biológica. Pelo contrário, pragas naturais e biológicas são utilizadas como sinónimos.

2.1 Razões para aplicar o controlo biológico de conservação na produção de cereais

Os principais argumentos dos peritos a favor da aplicação do Controlo Biológico de Conservação na cultura de cereais são, por um lado, a obrigação de plantar faixas de flores como parte do programa agroambiental, ou seja, para obter subsídios (1. Agricultor, Investigação, AC-Chamber). A convicção ideológica, bem como os aspectos económicos, ecológicos e sociais são também razões (Serviço de Proteção das Plantas). Por outro lado, há também os efeitos positivos, como o bom equilíbrio hídrico, a simbiose, o aumento da biodiversidade, a promoção de organismos benéficos e o aumento da abundância e das oportunidades de nidificação (2. Agricultor, Investigação, AC-Chamber).

Outra declaração importante de um especialista foi: *"Trabalhamos na natureza, com a natureza"*. Isto significa que os agricultores devem trabalhar na natureza e que também devem ser aplicadas medidas de controlo e proteção naturais (associação de agricultores).

2.2 (Conservacional) Métodos de controlo da qualidade na gestão integrada das pragas (IPM) ou método independente

Os peritos são da opinião de que a (C) BC só pode ser efectuada no âmbito da IPM. É o caso, em primeiro lugar, das explorações biológicas, mas nas explorações convencionais também é possível combiná-las (AC Ministério, Investigação, AC Câmara).

Os agricultores biológicos inquiridos não necessitam da clássica BC sob a forma de microrganismos, macrorganismos ou feromonas. Apenas um fertilizante foliar com cálcio e boro é utilizado para fortalecer as plantas. De resto, a medida mais importante é uma rotação de culturas diversificada (até dez culturas) (1º agricultor, 2º agricultor). Também são utilizadas faixas de flores e sebes (naturais, não plantadas especialmente), que se enquadram nas medidas do CBC. As faixas floridas também foram plantadas com subsídios (Serviço de Proteção das Plantas, 1º agricultor, 2º agricultor).

3. Medidas de controlo das pragas dos cereais na Áustria

Todos os peritos não consideram necessário o controlo direto de pragas na produção de cereais, uma vez que praticamente não existem pragas nesta área. Como já foi referido, as áreas de biodiversidade, as sebes e as orlas florestais são criadas como medidas de Controlo Biológico de Conservação (CBC). A proteção integrada das plantas e a rotação diversificada das culturas também desempenham um papel importante na proteção dos cereais contra as pragas (Agricultor, Investigação, Ministério da Agricultura, Associação de Agricultores, Câmara da Agricultura).

Outra medida importante contra a infestação é o cultivo de variedades tolerantes e resistentes, bem como métodos mecânicos de controlo de ervas daninhas. Na cultura de cereais, o controlo mecânico das ervas daninhas é particularmente importante, e a promoção de organismos benéficos é menos importante (Serviço de Proteção das Plantas).

Outro perito mencionou a utilização de produtos de neem contra as pragas e a utilização de misturas de sementes naturais. Este perito também sublinhou que: *"As sebes servem de fonte de alimento e abrigo para muitos insectos e aves, mas são menos adequadas para aumentar os organismos benéficos nos campos de cereais."* (Investigação)

Dois peritos sublinharam também que as áreas de cultivo têm um impacto nas medidas de controlo de pragas e na ocorrência no cultivo de cereais. O cultivo de cereais em agricultura biológica, especialmente em áreas secas, é mais fácil porque a pressão de pragas e ervas daninhas é muito menor do que em áreas húmidas (AC Ministry).

Os peritos estimam que a quota-parte da agricultura biológica no cultivo de cereais na Áustria é, em média, de 30-50%. Na parte ocidental da Áustria, em particular, a quota da agricultura biológica não é tão elevada. Estas estimativas baseiam-se na rotação de culturas, nas faixas de flores e noutras medidas. No entanto, alguns sublinham também o grande número de explorações convencionais, o que significa que a percentagem estimada não é superior a 50%.

4. Potencial das medidas de controlo biológico das pragas

Em seguida, os resultados das entrevistas são resumidos em relação às suas opiniões sobre o potencial das medidas de controlo biológico de pragas. São apresentadas diferentes causas de perturbações, tais como perturbações ecológicas, sociais, económicas e institucionais.

4.1 Perturbações ecológicas

O potencial do (C)-BC para tornar os campos mais resistentes e, assim, contrariar as perturbações ecológicas é altamente avaliado pelos peritos. Isto tornar-se-á particularmente importante no futuro devido às alterações climáticas. As plantas têm de ser mais resistentes, temos de nos afastar dos velhos padrões (aplicações químicas) e a criação de 7% de áreas de biodiversidade no novo programa de financiamento ÖPUL é já uma boa abordagem (2º Agricultor, Serviço de Proteção das Plantas, Investigação). Para atingir um elevado potencial, a rotação de culturas, o cultivo do solo e o tipo de gestão foram novamente mencionados (1º Agricultor, Indústria). A escolha das medidas também depende da região e das suas capacidades hídricas existentes (AC-Chamber). Mas, nos próximos 30 anos, nunca poderemos ter uma agricultura sem pesticidas, como noticiam alguns meios de comunicação social (ONG).

4.2 Perturbações sociais

A resiliência dos campos de cereais na Áustria em relação às perturbações sociais causadas pela utilização de medidas de controlo biológico de pragas é avaliada tanto de forma positiva como negativa. Um dos aspectos positivos mencionados foi o facto de, como agricultor, se estar no campo todos os dias e se efectuarem medidas de monitorização, pelo que a plantação de sebes não constitui um trabalho adicional. Os prestadores de serviços profissionais também podem efetuar medidas pesticidas. Outro aspeto positivo mencionado foi o facto de estas medidas levarem a uma redução significativa dos pesticidas, garantindo assim o reconhecimento social e a sustentabilidade da agricultura. O aspeto negativo inclui o esforço, uma vez que as medidas de controlo das pragas são frequentemente mais complexas (serviço de proteção das plantas, Ministério da Agricultura, investigação, associação de agricultores).

4.3 Perturbações económicas e institucionais

Se o potencial da (C-)BC for avaliado em relação a perturbações económicas e institucionais no futuro, muitos peritos vêem um elevado potencial e independência económica. Independência em relação à política de preços dos adubos químicos e dos pesticidas (2º agricultor, Serviço de Proteção das Plantas, Investigação).

Por outro lado, os agentes biológicos são uma medida holística e tornam a exploração agrícola mais robusta e, portanto, economicamente mais forte (1º Agricultor). No entanto, o consumidor final também deve estar preparado para pagar um preço mais elevado por produtos cultivados com métodos puramente biológicos, uma vez que estes são frequentemente mais intensivos em mão de obra no sector agrícola (Indústria).

No que diz respeito às perturbações institucionais, é visto um potencial positivo, uma vez que permite ser mais independente de influências externas e não depender de abordagens convencionais (2º agricultor, Serviço de Proteção das Plantas , associação de agricultores). A utilização da BC tem grandes hipóteses de sucesso, especialmente quando as cadeias de abastecimento são interrompidas, por exemplo, por guerras, e é necessário recorrer a recursos naturais (Ministério da Agricultura).

5. Decisões políticas

Um perito referiu-se a decisões políticas que merecem ser mencionadas no contexto do controlo natural das pragas: *"A aplicação da gestão integrada das plantas (IPM) a nível jurídico é positiva. Houve desenvolvimentos nos modelos de previsão e nos serviços de produtos de base que tiveram um impacto no controlo das pragas. A Diretiva 128.2009 da UE foi importante neste contexto, uma vez que conferiu uma base jurídica à gestão integrada das plantas."* (A renúncia a mais e mais fundos no futuro e a necessidade de novos fundos foram também mencionadas (Associação de Agricultores, Serviço de Proteção das Plantas).

As medidas ÖPUL também foram mencionadas e incluíam a promoção de faixas de flores (1° Agricultor, Associação de Agricultores, Investigação, Ministério da Agricultura). Durante o debate, um perito referiu as perspectivas futuras do sector biológico e afirmou

"Os objectivos políticos para o sector biológico na Áustria são 30% até 2027 e 35% até 2030. Em toda a UE, são 25% até 2030. No entanto, é difícil atingir estes objectivos se o comportamento dos consumidores não for acompanhado. No sector biológico, existem situações de venda difíceis e preços baixos, o que significa que os agricultores hesitam em mudar para o modo de produção biológico. As perdas potenciais de colheitas devido a infestações fúngicas ou a falhas no campo constituem um risco importante no sector biológico. Por conseguinte, a mudança para o modo de produção biológico depende da situação das vendas e dos consumidores". (Ministério da Agricultura)

A crítica à política também foi expressa e a necessidade de ação foi expressa. Isto aplica-se aos procedimentos de aprovação dos produtos biológicos. Devem ser efectuadas análises de ingredientes activos, compatibilidade, aprovação e testes de nocividade para os seres humanos e o ambiente. No entanto, muitas vezes não se sabe porque os produtos ocorrem naturalmente na natureza e são, portanto, inofensivos. No entanto, devem ser cumpridos os mesmos requisitos de aprovação que para a introdução de produtos químicos (Indústria).

5.1 Política agrícola ou ambiental

Noutra pergunta, foi pedido às partes interessadas (SH) que avaliassem se classificariam o controlo biológico de pragas como parte da política ambiental ou da política agrícola. A maior parte dos SH classificou-o como parte da política agrícola, uma vez que se trata do abastecimento e da segurança dos alimentos (Associação de Agricultores). Existem também conhecimentos especializados neste domínio (Serviço de Proteção das Plantas).

Na Áustria, existe uma boa cooperação entre a política agrícola e a política ambiental, que não pode ser analisada isoladamente. O programa ÖPUL é um bom exemplo de como grupos de trabalho com representantes de ambas as partes trabalham em conjunto em soluções exequíveis com impacto ambiental (Ministério da Agricultura). No entanto, todas as organizações de produtores concordam que é necessária uma maior cooperação no futuro para combinar os objectivos económicos e ambientais.

6. Medidas para promover a luta biológica contra as pragas

Existem várias medidas que os agricultores podem implementar para ter mais organismos benéficos nas suas explorações no futuro. Quase todas as partes interessadas mencionaram as mesmas medidas. Estas incluem a promoção da agricultura biológica, a utilização de organismos benéficos em estufas e uma gestão amiga do ambiente e promotora da biodiversidade (UBB). No âmbito da UBB, os agricultores são obrigados a criar 7% de zonas de biodiversidade. Isto inclui a promoção de faixas agro-florestais e de sebes de utilização múltipla. São também apoiadas medidas relativas a competências transversais, como acções de formação e de aperfeiçoamento profissional. Outra medida importante são os projectos de investigação e a Parceria Europeia de Inovação. O objetivo é continuar a estabelecer o controlo biológico de pragas e promover o intercâmbio entre explorações agrícolas convencionais e biológicas.

6.1 Avaliação das medidas e possibilidades futuras para a publicação da BC

As medidas ÖPUL, em particular, são conhecidas por todos os SH, exceto o Serviço de Proteção das Plantas, e são utilizadas pelos agricultores. No entanto, os agricultores consideram que o financiamento é demasiado burocrático e que a aplicação prática é por vezes difícil se determinadas medidas já tiverem sido fixadas com antecedência. Outro ponto é a monitorização por satélite a partir de 2023. Os agricultores também o avaliam negativamente, uma vez que não reforça a confiança nos agricultores (Ministério da

Agricultura).

O sector afirmou: *"Um dos problemas é o facto de as medidas de financiamento serem muitas vezes pouco abrangentes e não terem em conta as diferentes necessidades da agricultura. As explorações mais pequenas e a tempo parcial têm dificuldade em aplicar os reguladores."*

Um agricultor avaliou as medidas do seguinte modo "*A aplicação das medidas deveria ser mais específica para cada sítio e a formação é importante. Preocupa-me que a redução da área de sebes e árvores possa afetar o rendimento. A razão pela qual estou a fazer esta entrevista é que atualmente não vejo qualquer benefício das faixas de flores em termos de controlo natural de pragas ."* (1° agricultor)

A aplicação das medidas depende do rigor dos agricultores. Em geral, há muitas vantagens, como a promoção da biodiversidade e dos insectos. No entanto, há também desvantagens, como o estabelecimento de ervas daninhas e neófitos, porque a área já não é cultivada (AC-Chamber).

As SC inquiridas propõem várias estratégias para tornar a BC mais conhecida. Estas incluem artigos na homepage e um boletim informativo em ligação com a Câmara da Agricultura (Serviço de Proteção das Plantas). A investigação contribui para isso, trabalhando com agricultores contratados e transmitindo-lhes os conhecimentos da investigação (Investigação). Mas muitas associações também oferecem programas de formação (Associação de agricultores).

7. Aplicação da CB nos estados federais

Todas as SH podem registar uma variação no cultivo de cereais na Áustria, bem como na aplicação do controlo biológico de pragas. A Câmara AC afirma: "*Sei que, por exemplo, em algumas zonas da Alta Áustria, as taxas de participação na UBB são mais baixas*". O Ministério da Agricultura afirma: "*A implementação da agricultura biológica varia nos estados federais austríacos. Nas regiões com menos culturas cerealíferas, como o Tirol e Salzburgo, o controlo biológico é mais frequente. Em Burgenland, a agricultura biológica é especificamente promovida e implementada com sucesso. Nos Estados Federais com grandes áreas, como a Alta Áustria, a Baixa Áustria, a Estíria e a Caríntia, por outro lado, a utilização de pesticidas é preferida. A estrutura das explorações agrícolas e a comercialização direta desempenham um papel importante na implementação*". De um modo geral, é mais fácil nas pastagens, uma vez que aparecem menos pragas do que no cultivo de frutas e legumes . As pragas nos cereais são bastante raras (Indústria).

8. Futuras medidas de motivação

Os entrevistados da SH foram questionados sobre possíveis incentivos motivacionais que encorajariam os agricultores a utilizar métodos de controlo biológico (conservacionistas). Foram frequentemente mencionados vários motivos, incluindo o aumento da sensibilização, medidas de formação, investigação prática e operações-piloto (AC-Chamber, Serviço de Proteção das Plantas, AC-Ministry, Indústria, 1º Agricultor, 2º Agricultor). Os agricultores estão mais dispostos a aplicar medidas se os seus vizinhos fizerem o mesmo e tiverem êxito (AC-Chamber). Uma burocracia mais simples e mais financiamento são também pontos importantes (ONG, Investigação, Associação de agricultores).

9. Obstáculos ao controlo biológico das pragas

Os obstáculos incluem frequentemente os custos e, por conseguinte, a perda de rendimento e de receitas (1º agricultor, AC-Chamber, Indústria, ONG). Inicialmente, muitos agricultores só vêem os custos elevados e a perda de área (1º agricultor). A Associação de Agricultores refere como possíveis obstáculos o facto de os agricultores terem medo que as pragas regressem aos campos. Outros obstáculos são o elevado nível de burocracia, a escassez de subsídios para as medidas e a idade dos agricultores, uma vez que muitos já não querem adaptar-se ou querem mudanças nos seus campos (Investigação). O Serviço de Proteção Fitossanitária confirmou este facto com a declaração: *"Os agricultores têm frequentemente receios, reservas e incertezas em relação a novas tecnologias e investimentos".* Outra razão é a necessidade de tais medidas, que os agricultores muitas vezes não vêem e que, portanto, não levam a mudanças nos campos (2º agricultor).

C. Análise de rede

A secção seguinte mostra a análise das perguntas que fiz em relação à ligação em rede das partes interessadas entre si. A questão era saber quais os SH que comunicam bem entre si, bem como onde existe uma relação puramente informal e uma relação fraca. Por último, perguntou-se onde é necessário haver mais comunicação no futuro. Foi mostrado aos peritos um sistema agrícola, que pode ser encontrado no anexo (Fig. S1). Este mostra os principais grupos do sistema agrícola. Este sistema foi criado com base nas primeiras entrevistas com peritos. Como já foi descrito nos métodos, os SHs mencionados no mapeamento das partes interessadas para a rede foram resumidos como grupos relacionados e nem todos os SHs foram apresentados individualmente. Isto resulta em nove grupos importantes de SH para a Áustria. Estes incluem os agricultores como a força executiva, a Associação de Agricultores que forma os agricultores e está disponível para eles como um órgão consultivo. Outro grupo inclui a Organização Governamental. Este grupo inclui a Câmara AC, o Ministério AC, AGES e BAES, bem como a Agência Federal do Ambiente e a Câmara de Comércio e todas as outras autoridades estatutárias e públicas. Este grupo decide sobre os regulamentos implementados e altera os regulamentos antigos. A câmara também representa os interesses dos agricultores.

- A Escola/Educação Agrícola representa todos os estabelecimentos de ensino no domínio da agricultura. Tanto para todos os agricultores como para os indivíduos que não têm uma ligação direta à agricultura.
- Os Produtores de Produtos de Controlo Biológico de Pragas incluem todos os produtores de sementes, bem como pesticidas biológicos e distribuidores de organismos benéficos.
- A componente de investigação inclui todas as instituições de investigação no domínio da agricultura. No caso da Áustria, são mencionadas a Bio Research, a BOKU e a Universidade de Innsbruck.
- As ONG incluem todos aqueles que exercem influência a vários níveis através de uma certa atividade de lobbying. O grupo das ONG inclui tanto as ONG ambientais como as ONG

socioeconómicas.

- O grupo de partes interessadas do Marketing refere-se a todos os canais de marketing, sejam eles as redes sociais, a imprensa e os jornais.
- O grupo Comércio/Indústria refere-se a todos os armazéns, ao Centro de Investigação e Inovação Agrana, ao Agrarmarkt Austria e às cadeias de supermercados que distribuem os produtos.

Consequentemente, após as segundas entrevistas com peritos, surgiu esta rede visual, que pode ser vista na Figura 5. A verde está representada a boa cooperação já existente entre as PCH e a vermelho a comunicação que ainda pode ser melhorada no futuro. A espessura das linhas representa a frequência das ligações mencionadas, ou seja, quanto mais frequentemente for mencionada a ligação entre as diferentes partes interessadas, mais espessa é a linha. É possível observar uma boa ligação entre a Escola/Educação Agrícola e os agricultores e a organização governamental (GO). A ligação entre a GO e a associação de agricultores é também estável, tal como a ligação entre os agricultores e a associação de agricultores e a investigação e a GO. Muitas outras linhas de ligação são mostradas, mas não são tão fortes em relação umas às outras. Das linhas de ligação que precisam de ser intensificadas no futuro, duas foram particularmente realçadas. Trata-se da comunicação entre a investigação e os agricultores e entre os agricultores e as ONG, que ainda apresentam um potencial significativo.

A avaliação dos resultados dos inquiridos encontra-se em anexo (Tabela S2, S3). As tabelas estão divididas de acordo com o par de ligações, ou seja, as duas PCHs mencionadas. O número, ou seja, a frequência com que esta ligação foi mencionada no total e por que parte interessada entrevistada esta ligação foi mencionada.

Figura 6: Avaliação da rede de peritos inquiridos sobre o sistema agrícola na Áustria. As linhas vermelhas representam o potencial de melhoria no futuro e as linhas verdes representam as actuais linhas de ligação no sistema. A espessura das linhas indica a força das combinações de ligações.

V. Debate

Esta secção discute os pontos mais importantes das entrevistas aos peritos em relação à respectiva literatura. Por último, são respondidas as questões de investigação.

1. Controlo natural e biológico das pragas

O controlo natural das pragas é visto como o controlo das pragas pelos seus inimigos naturais, mas também como controlos relacionados com o clima, como a rotação de culturas e o pousio (Daily et al., 2012). Mas tudo isto deve ser feito sem intervenção humana (Stenberg et al., 2021). As definições dos peritos centraram-se apenas no controlo biológico de pragas. O controlo natural de pragas não era conhecido sob o termo, mas foi compreendido depois de o termo ter sido explicado. No entanto, os peritos consideraram ambos os termos como sinónimos. Este facto não é surpreendente, uma vez que existem frequentemente definições diferentes dos termos ou ambos são resumidos como um só (Stenberg et al., 2021).

O termo controlo biológico de pragas já foi explicado e foi entendido dessa forma por todos os agricultores comunitários. Todas as PS estão também cientes das diferentes formas de controlo biológico e as medidas de CBC são também utilizadas por ambos os agricultores sob a forma de sebes e faixas de flores.

2. métodos (conservacionistas) de BC em IPM ou método autónomo

Tal como demonstraram os inquéritos realizados por peritos, é importante não considerar a luta biológica contra as pragas como uma medida autónoma, mas sim como uma parte da gestão integrada das pragas (Stenberg et al., 2021). Isto também foi demonstrado por um inquérito realizado por Lamichhane et al. A análise do inquérito mostra que 0% vêem o controlo biológico como uma medida autónoma e 78% dizem que o controlo biológico como parte da gestão integrada das pragas é a melhor medida. Também concordam que, no futuro, cada vez mais campos na UE serão cultivados com IPM e a agricultura convencional continuará a diminuir (Lamichhane et al., 2017).

A BC conservacionista é uma medida de GIP e, juntamente com outras medidas de BC, como a BC aumentativa e a BC clássica, é uma das melhores estratégias de GIP. O impacto positivo da BC através da redução da utilização de insecticidas no futuro já foi comprovado. No entanto, há uma falta de informação sobre os rendimentos dos agricultores. Por outras palavras, se estes também aumentam com a utilização da BC. No futuro, o lucro para os agricultores deve ser mais investigado, uma vez que os custos de entrada e saída de tais medidas ainda não podem ser quantificados com precisão (Naranjo et al., 2015). Outros trabalhos, no entanto, já encontraram melhores rendimentos em soja através do uso de MIP (Bueno et al., 2023). No entanto, isso não pode ser considerado uma avaliação geral, porque outros pesquisadores mostraram que o controle de pragas não ocorre necessariamente, e os rendimentos também não são melhorados. O maior ponto fraco é que as medidas de (C-)BC não podem ser controladas de forma direcionada. No futuro, será, portanto, importante fazer perguntas que forneçam respostas sobre se os organismos benéficos utilizados também podem responder à densidade da praga, se existe um organismo benéfico adequado e se isso pode ser feito dentro de um prazo antes que a cultura seja completamente danificada e não possa mais ser mantida (Begg et al., 2017).

O sucesso dos programas de agricultura intensiva (ABC) depende fortemente das práticas de agricultura intensiva ou da agrobiodiversidade. Os programas ABC só fazem sentido se existir um ecossistema agrícola equilibrado e uniforme. Verifica-se que todos os métodos de BC devem ser vistos como um sistema global e não apenas uma parte dele pode ser uma medida única para manter um sistema agrícola resiliente (Bueno et al., 2023). Este facto é também confirmado pelas declarações dos meus entrevistados (Ministério da Agricultura, Investigação, Câmara da Agricultura).

Já foi provado que o cultivo de faixas de flores na orla do campo faz sentido para aumentar os inimigos naturais. No entanto, muitos agricultores duvidam da utilização e dos efeitos positivos das tiras de flores. Por esta razão, a transferência de conhecimentos é necessária no futuro para aumentar a utilização de organismos benéficos (Bale et al., 2008).

2.1 Potencial de controlo natural de pragas

As opiniões dos peritos inquiridos também se reflectem na literatura sobre o potencial das medidas naturais de controlo de pragas. No futuro, é inevitável uma mudança no domínio da cultura. A crescente desconfiança dos consumidores em relação

Os sistemas de agricultura intensiva são visíveis. No entanto, os inimigos naturais não são utilizados em grande escala. Embora existam muitas vantagens, como um aumento de 5-40% no rendimento e uma redução nos pesticidas através do manejo integrado de pragas (Shields et al., 2019). Outros relatórios mostram que o rácio benefício-custo do CBC é de 20-500:1 e o seu sucesso pode ser visto ano após ano. No entanto, isto é frequentemente esquecido quando os inimigos naturais afastam a praga e a mantêm de volta todos os anos. Por conseguinte, deve ser dado um passo atrás no passado e estas medidas devem ser novamente utilizadas no futuro. Antes de todas as aplicações químicas que utilizamos atualmente, o método biológico era uma das tarefas de gestão das pragas e envolve principalmente a rotação correta das culturas, as datas corretas de sementeira e de colheita, bem como a resistência das plantas hospedeiras e o controlo biológico. A literatura também mostra que existe potencial para o controlo natural de pragas em relação a perturbações ecológicas, económicas e institucionais, mas este método ainda precisa de ser mais aplicado na prática (Van Lenteren, 2006).

2.2 Implementação no futuro

A aplicação do controlo biológico na agricultura continuará a ser difícil. Isto deve-se a vários factores, como os obstáculos económicos e técnicos. Mas também se deve, em grande medida, à atitude dos agricultores. No entanto, os decisores políticos têm também de impulsionar ainda mais esta questão no futuro e criar incentivos. Até à data, a agricultura ainda está demasiado dependente dos agentes químicos ou depende deles. No entanto, o controlo biológico já está a ser utilizado como forma suplementar, por exemplo, quando os insecticidas não são eficazes. No futuro, é necessária uma melhor ligação em rede das informações sobre o controlo biológico a nível mundial. Seria igualmente útil dispor de uma base de dados acessível a todos que apresente dados sobre os inimigos naturais estudados e o seu sucesso em plantas cultivadas. Outro aspeto importante é a formação e o aconselhamento para pôr em prática os conhecimentos investigados e, por conseguinte, para o agricultor. Tal como as medidas motivacionais já sugeridas nos meus inquéritos a peritos, a literatura também está certa de que, através da auto-aprendizagem e das experiências, os agricultores estão mais rapidamente dispostos a renunciar às medidas que utilizaram até agora, como os agentes químicos, e a mudar para o controlo biológico (Bale et al., 2008; Jeanneret et al., 2020).

Na aplicação prática, a localização geográfica correta dos campos e a quantidade de medidas de Controlo Biológico de Conservação (CBC) também são importantes para o sucesso. Isto deve-se ao facto de as medidas no limite, sob a forma de faixas de flores, terem menos sucesso para os inimigos naturais do que no meio de um campo. Além disso, o CBC não pode ser implementado como uma medida única no controlo de pragas e deve ser visto como parte da gestão integrada de pragas. Foram obtidos êxitos positivos com as tiras de flores, mas estas devem ser encaradas como um sistema completo. Assim, o crescimento das plantas, o solo, o clima e a composição também desempenham um papel igualmente importante. A formação e os incentivos financeiros são igualmente necessários no futuro. Também é necessária mais investigação para encontrar os inimigos naturais mais eficientes e para descobrir a sua utilização em diferentes áreas, como campos e florestas (Holland et al., 2016). São conhecidos mais de 150 inimigos naturais, mas há certamente mais potencial neste domínio (Bale et al., 2008).

2.3 Motivação e obstáculos

Para além das afirmações feitas nos meus inquéritos de peritos sobre a motivação e os obstáculos aos agentes biológicos, há outros pontos da literatura. A maior parte da literatura sobre os obstáculos à utilização insuficiente de agentes biológicos não se refere à perspetiva dos agricultores, mas sim dos fabricantes desses produtos e da investigação. No entanto, o artigo de Mkenda et al., 2020, mostra que existe ainda uma grande lacuna de conhecimento entre os agricultores e que estes desconhecem frequentemente o efeito positivo de tais medidas. No artigo, foi realizada uma experiência em que se mostrou aos agricultores, em campos-piloto e através da transferência de conhecimentos, quais as vantagens da BC e como a podem utilizar. Após um curto período de tempo, os agricultores também o aplicaram e os métodos foram aceites (Mkenda et al., 2020). Isto mostra mais uma vez a importância da divulgação de conhecimentos e como o contacto entre a investigação, os agricultores e a educação deve ser reforçado.

Os obstáculos incluem os custos iniciais, que também foram mencionados pelos entrevistados. Os maiores produtores de organismos benéficos são a Associação Internacional de Fabricantes de Biocontrolo (IBMA) e a Associação de Produtores de Biocontrolo Natural (ANBP). No entanto, se o sector tiver de pagar por cada organismo benéfico que é investigado e pode ser utilizado como produto, as empresas privadas deixarão de ter capacidade para o fazer. Além disso, o rendimento e o lucro da utilização de organismos benéficos não são rentáveis para os produtores devido à libertação periódica (Bigler, 2010). Outro obstáculo que a literatura mostra é a aprovação na UE. Normalmente, são necessários 10 anos para que um produto seja aprovado. Nos EUA e no Brasil, em comparação, são apenas dois a três anos. No entanto, desde 2019, houve um aumento na venda de macrorganismos como organismos benéficos de mais de 60%. Isso também pode ser devido ao aumento dos preços dos pesticidas, à resistência e à diminuição da disponibilidade (e-nema Gesellschaft für Biotechnologie und biologischen Pflanzenschutz mbH, 2024). Outro ponto é a regulamentação da importação e libertação de agentes de controlo biológico de invertebrados, que são regulados de forma diferente nos países europeus e alguns deles ainda não adoptaram orientações e procedimentos para a introdução e libertação (StrauSS, 2013). Por conseguinte, existe ainda um grande potencial para o futuro. Só precisa de ser levado aos agricultores de forma mais fácil e rápida para alcançar o máximo sucesso para todas as partes envolvidas.

Os principais obstáculos são, como já foi referido, o longo e dispendioso processo de registo de novos produtos, mas também a falta de oferta no mercado, a falta de procura por parte dos produtores e a eficácia desigual em função de factores climáticos e específicos do local (Lamichhane et al., 2017).

Inicialmente, foi referido que a mudança para uma agricultura puramente biológica não era ainda possível para alimentar a população mundial. No entanto, mais de metade dos produtos provenientes das terras agrícolas não são utilizados para o abastecimento de alimentos, mas sim para bebedouros e tanques.

Por este motivo, seria necessário repensar a produção de alimentos para animais e de biocombustíveis. Isto também permitiria dispensar o cultivo convencional e a utilização de pesticidas químicos e utilizar a agricultura biológica com um controlo puramente biológico das pragas (Goretzki, 2023). Outro aspeto é a alteração da nossa alimentação. A dieta omnívora exige mais terras aráveis para os animais e para a alimentação animal, o que, por sua vez, ocupa espaço para a agricultura biológica. Além disso, as emissões de gases com efeito de estufa seriam reduzidas pela dieta vegetariana e, mais uma vez, mais campos poderiam ser explorados de forma biológica, poupando assim mais gases com efeito de estufa (Goretzki, 2023).

2.4 Medidas de promoção da CB

A maior parte dos agricultores familiares tinha conhecimento das medidas de apoio e os agricultores dependem delas para sobreviver. No entanto, é crucial desenvolver medidas eficazes que também representem uma melhoria no futuro. No caso das faixas de flores, isto significa que a mistura deve ser adaptada ao local, as faixas de flores não devem ser demasiado estreitas e, idealmente, deve haver uma distância entre a terra arável e as faixas de flores quando são utilizados pesticidas (Dietzel et al., 2019; NABU Kreisverband Gifhorn, 2024). Os agricultores comunitários também tinham conhecimento dos projectos PEI. Os projectos PEI produzem um aumento demonstrável da produtividade na agricultura (Emsenhuber, 2024).

Um elevado nível de agrobiodiversidade em todo o terreno é tão crucial como as medidas de cooperação transfronteiriça. O sucesso da agricultura depende de muitos factores. Só com um elevado nível de biodiversidade é possível evitar no futuro os pesticidas químicos, as hormonas e as monoculturas. Isto pode contrariar o clima e o declínio das espécies (Trajkova et al., 2021). Em vez disso, a proteção integrada das plantas deve ser mais estabelecida no futuro. Isto inclui oito princípios, que incluem a prevenção, a tomada de decisões, a monitorização, a utilização de medidas de controlo não químicas, a utilização selectiva de pesticidas, a utilização reduzida de pesticidas, estratégias para evitar resistências e, como último princípio, a avaliação. A adesão a estes princípios permite alcançar um elevado nível de agrobiodiversidade e uma maior incidência de medidas de luta contra a BC (Bundesministerium für Landwirtschaft, Regionen & und Tourismus (BMLRT), 2021).

3. Medidas de controlo das pragas dos cereais na Áustria

A principal cultura de cereais na Áustria está limitada ao leste e a partes da Alta e da Baixa Áustria. *A Diabrotica virgifera* (bicho-da-raiz-do-milho) está a causar problemas no milho, em particular. No entanto, este problema pode ser facilmente controlado com nemátodos e uma boa rotação de culturas (Feusthuber et al., 2015). As partes interessadas que entrevistei afirmaram que praticamente não existem pragas nos cereais. A literatura fornece mais informações a este respeito. Outra infestação pode vir dos afídeos. Só é económico atuar quando 70% das plantas têm 3-5 pulgões por espiga. Outra praga é o escaravelho dos cereais. Neste caso, apenas é necessário um ovo por larva nos cereais de inverno para atingir o limiar de danos. O escaravelho do grão pode ser tratado com piretróides. Os piretróides, ou seja, os insecticidas sintéticos, também são utilizados contra outras pragas dos cereais. No entanto, estes só devem ser utilizados muito especificamente, uma vez que podem conduzir a elevados níveis de resistência. Outras pragas dos cereais incluem o rolo de folhas dos cereais, o escaravelho dos cereais e os percevejos dos cereais. Todas as pragas provocam perdas de rendimento e de qualidade (Emsenhuber, 2024). As medidas para combater as pragas e os seus surtos incluem a monitorização, evitar doses elevadas de N, promover organismos benéficos, bem como a rotação correta de culturas e o momento correto de sementeira (Kühne, 2024). A literatura mostra que, embora a infestação em cereais seja possível, não tem um impacto demasiado grande, especialmente se se aderir à BC e se promover uma grande rotação de culturas e a utilização de organismos benéficos. Além disso, existem poucas opções químicas, e a infestação geralmente não atinge o limiar de danos para exigir uma ação eficaz (Emsenhuber, 2024; Kühne, 2024). No caso da Áustria, o sítio Web "warndienst.at" do Instituto de Formação Rural (LFI) fornece modelos de previsão e dados de monitorização, dando aos agricultores informações sobre a percentagem de infestação que devem tomar e como. O sítio Web também fornece informações sobre as respectivas pragas para os tipos de cereais. Um inquérito concluiu que esta informação sobre o serviço de alerta influencia a decisão de comprar um produto fitofarmacêutico (Bundesministerium für Landwirtschaft, Regionen & und Tourismus (BMLRT), 2021).

3.1 Implementação da CB nos estados federais

A implementação do BC varia nos estados federais, especialmente do CBC. Isso também se deve às áreas cultivadas. No entanto, verifica-se um aumento crescente das áreas biológicas de ano para ano. Este aumento pode ser observado, em particular, no cultivo de cevada de inverno biológica, trigo mole biológico e centeio biológico (Herz, 2023). A Estratégia de Biodiversidade para a Áustria 2030+ confirma o potencial das áreas de biodiversidade e o aumento da agrobiodiversidade para proteger e promover o nosso ambiente, tendo já inscrito este aspeto na nova estratégia. A estratégia baseia-se no trabalho educativo na agricultura, em ofertas de financiamento e na criação de todos os tipos de elementos paisagísticos, como sebes, lagoas, zonas de biodiversidade da UBB e zonas de conservação da natureza da ÖPUL (Stejskal-Tiefenbach et al., 2022). Desde a PAC de 2023, os elementos paisagísticos fazem parte das BCAA-BCE (boas condições agrícolas e ecológicas - elementos paisagísticos) e já não podem ser retirados dos campos cultivados sem autorização escrita. Também podem ser incluídos na área de pousio de 4% nos novos regulamentos ÖPUL e podem, portanto, receber financiamento (Mandl, 2024). Na Áustria, os elementos paisagísticos cobrem 185.000 ha. A área agrícola total abrange 2 565 690 ha, ou seja, cerca de 7% da área total utilizável contém LSE (a partir de 2020) (Stejskal-Tiefenbach et al., 2022). Se a implementação nas explorações agrícolas for mais avançada e a Estratégia de Biodiversidade 2030+ for cumprida, é de esperar um aumento da LSE e, por conseguinte, a utilização de mais controlo biológico de pragas.

A agricultura biológica é mais frequente em zonas menos extensas e de menor rendimento. Isto deve-se ao facto de as quebras de rendimento e as perdas económicas serem menores do que nas explorações intensivas (Kuhnert, 2023). Como resultado, há esperança de um aumento dos métodos de agricultura biológica em áreas não extensivas no futuro.

4. Decisões políticas

Para os produtos vegetais biológicos, é necessária a aprovação no registo de plantas. Este registo pode ser diferente consoante o estado federal. Na Áustria, por exemplo, a cevada de cogumelos Melocont está aprovada contra a cochonilha em 7 de 9 estados federais. A cevada de cogumelos só recebeu uma aprovação de emergência e só pode ser aplicada se houver perigo iminente (Plunger, 2024). A cevada de cogumelo foi estabelecida como agente de controlo contra o besouro há 30 anos, mas ainda está sujeita aos regulamentos de perigo iminente na Áustria (Pittner, 2022). No grão, diz-se que uma infestação ocorre quando se encontram 10-15 larvas /m^2 (Schwarzenberger, 2022). Em geral, o processo de aprovação é efectuado pelo Serviço Federal de Segurança Alimentar (BAES) e baseia-se em relatórios de investigação e pareceres de peritos nos domínios da toxicologia, dos procedimentos ambientais, da eficácia e do comportamento dos resíduos. Após a aprovação, o produto é aprovado por um período máximo de 15 anos e requer uma reavaliação. Isto aplica-se tanto a processos químicos como biológicos (AGES, 2023). Este procedimento de aprovação deve ser reconsiderado no futuro, a fim de colocar os agentes biológicos no mercado mais rapidamente. Por outro lado, estes são geralmente completamente inofensivos para os seres humanos e já ocorrem naturalmente no nosso ambiente, pelo que devem ser avaliados e aprovados de forma diferente.

Nos Estados Unidos, por exemplo, apenas são utilizados macro-organismos, os outros, como os micro-organismos ou as armadilhas com feromonas, são desconhecidos ou não são utilizados. Noutros países, como a França, as quatro estratégias foram incluídas no Código de Direito Rural francês. Comparando com a UE no seu todo, não se encontra uma definição uniforme da UE para biocontrolo ou proteção (Hulot & Hiller, 2021).

Um grande problema no estabelecimento de mais BC no futuro é o registo de novos pesticidas biológicos. Isto porque estes estão sujeitos às diretrizes e regulamentos para os pesticidas químicos (Hulot & Hiller, 2021). Além disso, a implementação deve ser regulamentada da mesma forma para todos os países da UE no futuro para garantir um conceito uniforme (StrauSS, 2013).

Outro ponto é o facto de os produtos comerciais de pesticidas biológicos não constarem da lista do regulamento da UE, mas estarem sujeitos à legislação nacional. Isto significa que os Estados-Membros vizinhos actuam de forma diferente, pelo que passa muito tempo entre o aparecimento da praga e a aplicação do agente adequado no terreno. Do mesmo modo, o tempo (vários anos) que decorre entre os procedimentos de avaliação, aprovação e registo é imenso (Hulot & Hiller, 2021).

A utilização de pesticidas deve ser reduzida para metade até 2030 e a quota da agricultura biológica deve ser de 25% em toda a UE. Isto significa que devem ser desenvolvidas mais alternativas no domínio da proteção das plantas (Goretzki, 2023).

4.1 Política agrícola ou ambiental

O controlo biológico de pragas pode ser contabilizado entre os dois domínios políticos, pelo que não pode ser atribuído. A política ambiental tem objectivos como manter o ar, a água e o solo limpos e, por conseguinte, inclui a prevenção de pesticidas químicos (Wagner, 1992). Em contrapartida, os objectivos da política agrícola consistem em apoiar os agricultores e melhorar a produção, combater as alterações climáticas e a gestão sustentável e muitos outros objectivos económicos. Para utilizar mais BC, são necessários incentivos económicos, financiamento e educação. Estes são proporcionados pela política agrícola e, por conseguinte, criam incentivos para uma maior utilização de BC (Europaische Kommission, 2023).

5. Análise de rede

A análise da rede mostra fortes ligações entre os grupos SH individuais, bem como ligações que precisam de ser reforçadas no futuro. Também é possível ver onde existem obstáculos ou onde não existe qualquer ligação. Estes grupos são os agricultores e os políticos, que nunca se encontram, ou apenas existem relações unilaterais e, por conseguinte, não há intercâmbio entre os dois. O agricultor compra os seus produtos de controlo de pragas a uma empresa, mas nunca há qualquer outro intercâmbio. Também não há intercâmbio entre os agricultores e o comércio grossista e retalhista, para mostrar uma de muitas outras ligações unilaterais. A adição de outro grupo crucial, nomeadamente o consumidor final, poderia alargar a rede. Afinal de contas, são eles que decidem quais os produtos que compram. Este alargamento foi igualmente referido por um SH (Ministério da Agricultura). O alargamento da rede tornaria ainda mais difícil o intercâmbio entre os grupos. Os agricultores comunitários já disseram que na Escola/Ensino Agrícola se ensina um nível de conhecimentos antigo e que deveria haver um intercâmbio mais intenso de investigação, mas não é o caso (2º agricultor). Do mesmo modo, a associação de agricultores representa muitas vezes os agricultores nos seus próprios interesses e, por conseguinte, tem objectivos diferentes dos dos agricultores (2.º agricultor). Outro ponto é a dependência do financiamento da investigação, em que os investigadores são guiados na respectiva direção pela indústria. Quanto mais os diferentes grupos de interesse se encontram, mais difícil se torna encontrar uma solução comum (Investigação). Em geral, os grupos de SH representam apenas os seus próprios interesses e nem todos os grupos têm as mesmas intenções (Serviço de Proteção Fitossanitária). Este facto é também confirmado pela literatura (Abbott & Snidal, 2009). No entanto, também é evidente que muitos grupos de PS não são capazes de trocar informações porque nem sequer entram em contacto. Os peritos entrevistados afirmaram que todos os PS em agricultura deveriam sentar-se à mesma mesa (ONG, Indústria). Existe um potencial significativo para um maior desenvolvimento neste domínio no futuro.

Outro documento apela também à participação de todos os afectados e envolvidos na cadeia de valor. Isto inclui produtores, investigação e aconselhamento, mas também consumidores. Esta é a única forma de compreender e aceitar os desafios, as oportunidades de desenvolvimento e os preços.

O intercâmbio internacional também é importante (Steinwidder & Starz, 2016). O documento em que se baseia o meu Sistema Agrícola também confirma este envolvimento. Nele se afirma que todos os envolvidos na rede pertencem um ao outro e que uma mudança afecta todo o sistema. Uma mudança para preços mais baratos de fertilizantes químicos afectaria inicialmente a indústria e o agricultor, e mais seria produzido e utilizado no campo. Ao mesmo tempo, a investigação, as ONG, as organizações governamentais e os consumidores são encorajados a encontrar alternativas e soluções para contrariar, por exemplo, a resistência causada pelos agentes químicos (Mukherjee et al., 2022).

6. Comparação dos grupos de SH em relação à questão de investigação

Ao avaliar as entrevistas e a discussão subsequente, as duas questões de investigação podem agora ser respondidas. Os grupos de PCH foram divididos em quatro grupos com base em Abbott e Snidal (2009). É importante mencionar que cada grupo de PS representa interesses diferentes, o que pode dificultar a implementação na prática. Por exemplo, as ONG não representam os interesses do público e o interesse comum, mas apenas os seus próprios valores. O governo também representa objectivos económicos e ecológicos, bem como a proteção da saúde e da segurança e a proteção dos consumidores. Estes objectivos podem entrar em conflito na resolução de problemas, dificultando assim a procura de objectivos comuns (Abbott & Snidal, 2009). A avaliação mostra que quase todos os SH têm a mesma opinião e todos vêem potencial para o aumento do controlo biológico na agricultura no futuro. Consequentemente, as questões de investigação podem ser abordadas da seguinte forma

Q1: "Como é que os diferentes intervenientes na agricultura avaliam a aplicação do controlo biológico de pragas na Áustria?"

Q2: "Que medidas podem ser tomadas para promover a luta biológica contra as pragas na agricultura prática e que obstáculos dificultam a sua aplicação?"

Todos os SH vêem um potencial geral para os métodos de BC, tanto atualmente como no futuro. Devido à crescente resistência e ao aumento dos custos da utilização de pesticidas, as alternativas biológicas estão a tornar-se cada vez mais importantes. No futuro, devem ser dados mais incentivos, especialmente através de subsídios mais elevados, transferência de conhecimentos e menos burocracia, para que a luta biológica contra as pragas se estabeleça ainda mais na Áustria. Os números mostram também que, de ano para ano, há cada vez mais explorações agrícolas biológicas na Áustria, o que significa que a agricultura convencional está a tornar-se cada vez menos comum (Bundesministerium für Land- und Forstwirtschaft, Regionen und Wasserwirtschaft, 2023b). Um possível limite neste caso é a disponibilidade de agentes biológicos de controlo de pragas. Até à data, ainda não existe uma estratégia de controlo biológico adequada para cada praga (Bale et al., 2008). Do mesmo modo, a sua utilização ainda não é possível de forma generalizada, e a aprovação de muitos produtos representa mais um limite à rápida aplicação de agentes biológicos no terreno no futuro, uma vez que estes requerem um processo de aprovação que dura anos, tal como mencionou acima.

VI. Conclusão

Devido ao aumento da população mundial até 2050, às alterações climáticas e ao objetivo de reduzir as emissões de gases com efeito de estufa, as práticas naturais e sustentáveis na agricultura estão a tornar-se cada vez mais interessantes. As práticas de BC já demonstraram que podem ser eficientes e melhores para o ambiente. Para cumprir os objectivos ambientais e reduzir as emissões de CO_2 e manter a segurança alimentar, bem como para ter campos resistentes e resilientes no futuro, é importante criar incentivos financeiros através de políticas, criar quadros jurídicos que sejam fáceis de aplicar e também facilitar a introdução e a aplicação das BC. Neste caso, seria útil facilitar a introdução de novas diretrizes relacionadas com a BC natural sem anos de tomada de decisões e de estabelecimento. A formação e a investigação nestes domínios são igualmente importantes. Só com esta combinação é possível atingir os objectivos e alcançar uma agricultura sustentável com pouca infestação de pragas e sem recurso a pesticidas químicos. Além disso, todas as partes interessadas devem ter os mesmos objectivos para os alcançarem em conjunto. O agricultor, como último elo da cadeia, mas um dos membros mais importantes, deve apoiar as diretrizes e as novas estratégias de cultivo e os recursos utilizados para as aplicar eficazmente e, assim, garantir uma agricultura sustentável na prática. A transferência de conhecimentos entre as escolas agrícolas, a investigação, a associação de agricultores e o agricultor é particularmente importante neste domínio. A comercialização também deve ser melhorada, tanto em termos de comercialização para o agricultor como para o consumidor final, que deve estar preparado para pagar um pouco mais por esta forma sustentável de cultivo.

Existem muitas limitações que já foram mencionadas na metodologia (ver p.22). Este facto representa a maior dificuldade na utilização de entrevistas semi-estruturadas por peritos. Para investigação futura, a dimensão geral da amostragem e o equilíbrio das PCH inquiridas poderiam ser alargados para obter informações ainda mais abrangentes para toda a Áustria (Esteve et al., 2018). Outra limitação é a subjetividade e, por conseguinte, a interpretação dos resultados que fiz (Lindner, 2019). Para resolver esta limitação, tornei o procedimento metodológico tão transparente quanto possível para aumentar a compreensibilidade.

No futuro, é necessária muito mais investigação nesta área para conseguir um controlo biológico das pragas e uma agrobiodiversidade eficiente. No entanto, a Áustria está bem posicionada em muitos aspectos, tais como a proporção de explorações agrícolas biológicas, as oportunidades de formação proporcionadas pela AC-Chamber, mas também pelos serviços de alerta e outras associações e clubes. A utilização de medidas de controlo da qualidade é muito eficaz a este respeito. No entanto, estas medidas não podem ser utilizadas como as únicas medidas contra as pragas no futuro. Pelo contrário, todos os princípios da proteção integrada das plantas desempenham um papel, na medida em que as medidas BC estão incluídas. O desenvolvimento e a aplicação destes princípios podem ter como objetivo um elevado nível de agrobiodiversidade e uma baixa infestação de pragas no futuro. A Áustria já é pioneira neste domínio e pode ser vista como um modelo para muitos outros países.

VII. Referências

Abbott, K. W., & Snidal, D. (2009). The Governance Triangle: Regulatory Standards Institutions and the Shadow of the State. Em *The Politics of Global Regulation* (S. 45-88). Princeton University Press. https://www.degruyter.com/document/doi/10.1515/9781400830732.44/ht ml?lang= de#APA

Departamento de Proteção do Meio Ambiente. (2023). *0PUL-Naturschutzmaßnahme.* https://www.tirol.gv.at/umwelt/naturschutz/oepul/

AGES (2023, 10 de outubro). Informações sobre a compra, avaliação e aprovação. *AGES.* https://www.ages.at/pflanze/pflanzenschutzmittel/informationen-zu-pruefung-bewertung-zulassung

Ahrens, S. (2024, 1 de janeiro). *Anbauflache von Getreide in Osterreich bis 2023 Veroffentlicht von Sandra Ahrens, 11.01.2024 Die Getreideanbauflache ohne Mais in Osterreich ist im Jahr 2023 im Vergleich zum Vorjahr um zwei Prozent auf 520.120 Hektar gesunken. Entwicklung der landwirtschaftlichen Nutzflache von Getreide und Mais in Osterreich in den Jahren 2012 bis 2023.* https://de.statista.com/statistik/daten/studie/591151/umfrage/anbaufl aech e-von-getreide-in-oesterreich/

Bale, J. S., van Lenteren, J. C., & Bigler, F. (2008). Controlo biológico e produção alimentar sustentável. *Philosophical Transactions of the Royal Society B: Biological Sciences, 363*(1492), 761-776. https://doi.org/10.1098/rstb.2007.2182

Begg, G., Cook, S., Dye, R., & Ferrante, M. (2017, Juli). Uma visão geral funcional do controlo biológico da conservação. *Elsevier, 97,* 145-158.

Bigler, F. (2010). *Bedroht die Biodiversitatskonvention den biologischen Pflanzenschutz?* (1(4); Agrarforschung Schweiz, S.

134-141). https://www.agrarforschungschweiz.ch/wp-content/uploads/2019/12/2010_04_1558.pdf

Blümel, S., Fischer-Colbrie, P., & Höbaus, E. (1998). *Nützlinge: Helfer im Zeitgemassen Pflanzenschutz* (3. Aufl.). Jugend& Volk GmbH.

Bogner, A., Littig, B., & Menz, W. (2009). Introdução: Entrevistas com peritos - Uma introdução a um novo debate metodológico. Em A. Bogner, B. Littig, & W. Menz (Hrsg.), *Interviewing Experts* (S. 1-13). Palgrave Macmillan UK. https://doi.org/10.1057/9780230244276_1

Bravo-Peña, F., & Yoder, L. (2024). Agrobiodiversidade e resiliência dos pequenos agricultores: A scoping review. *Journal of Environmental Management, 351,* 119882. https://doi.org/10.1016/j.jenvman.2023.119882

Bueno, A., Sutil, W., Jahnke, S., & Carvalho, G. (2023). Controle biológico como parte do manejo integrado de pragas (MIP) da soja: Potencialidades e Desafios. *Agronomia, 13*(10). https://doi.org/10.3390/agronomy13102532

Bundesministerium für Land- und Forstwirtschaft, Regionen und Wasserwirtschaft. (2023a). *Direktzahlungen und Konditionalitat ab 2023.* https://info.bml.gv.at/themen/landwirtschaft/gemeinsame-agrarpolitik- foerderungen/nationaler-strategieplan/direktzahlungen-und- konditionalitaet-ab-2023.html

Bundesministerium für Land- und Forstwirtschaft, Regionen und Wasserwirtschaft. (2023b). *Grüner Bericht 2023- Die Situation der Osterreichischen Land- und Forstwirtschaft* (64). https://gruenerbericht.at/cm4/jdownload/send/2-gr-bericht-terreich/2586- gb2023

Bundesministerium für Land- und Forstwirtschaft, Regionen und Wasserwirtschaft. (2023c). *Sonderrichtlinie des Landwirtschaftsministers zur Forderung der Land- und Forstwirtschaft aus nationalen Mitteln.* https://info.bml.gv.at/dam/jcr:0a16de8e-a403-43dd-a442-

5bd2fffdb19a/Sonderrichtlinie_BML_Nationale%20F%C3%B6rderun g%2 0LW_20231223.pdf

Bundesministerium für Land- und Forstwirtschaft, Regionen und Wasserwirtschaft. (2024). *Sistema integrado de gestão e controlo - INVEKOS.* https://info.bml.gv.at/themen/landwirtschaft/gemeinsame-agrarpolitik- foerderungen/nationaler-strategieplan/direktzahlungen-ab-2023/invekosinvekosgis.html#:~:text=Das%20INVEKOS%20umfasst %20 einen%20jahrlichen,%2DOrt%2D%20und%20Verwaltungskontrollen %20 durch.

Bundesministerium für Land- und Forstwirtschaft, Regionen und Wasserwirtschaft (BML). (2024). *Getreideanbau und Getreidearten in Österreich.* https://info.bml.gv.at/themen/landwirtschaft/landwirtschaft-in-oesterreich/pflanzliche-produktion/getreide/Getreide.html#:~:text=Aufgrund%20der%20gün stige n%20Wachstumsbedingungen%20ist,1%2C24%20Millionen%20To nnen %20ergibt.

Bundesministerium für Landwirtschaft, Regionen & und Tourismus (BMLRT). (2021). *Plano de ação nacional para a utilização racional de produtos fitofarmacêuticos*. https://info.bml.gv.at/dam/jcr:d4aeda07-4df1-411c-b017-fba39157731a/AUSTRIA_Nationaler_Aktionsplan_2022-2026.pdf

Buyung, H. (2021). *Pest and Pesticide Management* (Organização das Nações Unidas para a Alimentação e a Agricultura). https://www.fao.org/pest- and-pesticide-management/ipm/integrated-pest-management/en/

Cain, D. (2023). *Controlo biológico: A Powerful Tool for Sustainable Agriculture* (Linkedin). https://www.linkedin.com/pulse/biological-control- sustainable-agriculture-david-cain-ttqyc

Cochrane, L., & Cafer, A. (2018). A diversificação aumenta a resiliência da comunidade? Uma perspetiva crítica. *Resiliência, 6*(2), 129-143. https://doi.org/10.1080/21693293.2017.1406849

Csárdi, G., Nepusz, T., Traag, V., Horvát, S., Zanini, F., Noom, D., & Kirill, K. (2024). *igraph: Network Analysis and Visualization in R* (Versão 2.0.3) [Software]. https://CRAN.R-project.org/package=igraph

Daily, G. C., Postel, S., Bawa, K., Kaufman, L., Peterson, C. H., Carpenter, S., Tillman, D., Dayton, P., Alexander, S., Lagerquist, K., & outros. (2012). *Nature's Services: Societal Dependence On Natural Ecosystems [Dependência Societal dos Ecossistemas Naturais*]. Island Press. https://books.google.de/books?id=QYJSziDfTjEC

Dietzel, S., Sauter, F., & Moosner, M. (2019). *Blühstreifen und Bldhflachen in der landwirt- schaftlichen Praxis - eine naturschutzfach- liche Evaluation* (41; Anliegen Natur). https://www.anl.bayern.de/publikationen/anliegen/doc/an41129dietzel_et _al_2019_bluehstreifen_review.pdf

Doleschel, P., & Demmel, M. (2014). Grundlagen des Pflanzenanbaus. In *Landwirtschaftlicher Pflanzenanbau* (13. Aufl., S. 171-183). BLV Buchverlag GmbH & Co. KG.

Dröge, K. (2024). *No scribe* (0.4.1) [Software]. https://github.com/kaixxx/noScribe

Emsenhuber, C. (2024). Getreideschadlinge im Portrait. Em *Lkonline Landwirtschaftskammer Niederosterreich.* https://noe.lko.at/getreideschadlinge-im-portrait+2400+3380303

e-nema Gesellschaft für Biotechnologie und biologischen Pflanzenschutz mbH. (2024). *O mercado dos produtos biológicos para a agricultura tem, atualmente, um valor superior a 1,6 milhões de euros, mas a política da UE é um obstáculo à redução do potencial.* https://www.e-nema.de/de/news/artikel/pressemitteilung-ibma-april-2024

Esteve, P., Varela-Ortega, C., & Downing, T. E. (2018). Uma avaliação baseada nas partes interessadas das barreiras à adaptação às alterações climáticas numa bacia hidrográfica em Espanha. *Regional Environmental Change, 18*(8), 25052517. https://doi.org/10.1007/s10113-018-1366-y

Comissão Europeia. (2023, 28 de agosto). *Um olhar mais atento: Plano estratégico do GAP de Osterreichsicher.* https://agriculture.ec.europa.eu/document/download/cef3e8e8-fea2-47f1- af28-6c0649656d7e_de?filename=csp-at-a-glance-austria_de.pdf

Every, P. (2020). Gestão das partes interessadas usando a Matriz de Interesse de Poder. *Solitaire Consulting LTD.* https://www.solitaireconsulting.com/2020/07/stakeholder-management- using-the-power-interest-matrix/

Feusthuber, E., Schönhart, M., & Schmid, E. (2015). *Análise espacial dos sistemas de cultivo de milho para aliviar a pressão das pragas na Áustria* (AgEconSearch Research in Agricultural & Applied Economics). https://ageconsearch.umn.edu/record/212661/?v=pdf

Generaldirektion Landwirtschaft und landliche Entwicklung (2023). Die Gemeinsame Agrarpolitik auf einen Blick. *Pflanzenschutz der Zukunft.* https://agriculture.ec.europa.eu/common-agricultural-policy/cap- overview/cap-glance_de

Generaldirektion Landwirtschaft und landliche Entwicklung (2024). *Agricultura e desenvolvimento rural.* https://agriculture.ec.europa.eu/cap- my-country/cap-strategic-plans/austria_de?prefLang=de#implementation

Gonzalez, C. G. (2011). Alterações climáticas, segurança alimentar e agrobiodiversidade: Toward a just, resilient, and sustainable food system. *Fordham Environmental Law Review,* 493-522.

Goretzki, A. (2023, Juli 25). *Kommt die Landwirtschaft ohne Pestizide aus?* https://www.deutschlandfunkkultur.de/pflanzenschutz-ohne-chemisch-synthetische-pestizide-100.html

Hajek, A. E., & Eilenberg, J. (Hrsg.). (2018). Inimigos naturais Uma introdução ao controle biológico. Em Inimigos *naturais: Uma Introdução ao Controlo Biológico* (2. Aufl., S. v-viii). Cambridge University Press; Cambridge Core. https://www.cambridge.org/core/books/natural-enemies/contents/4B7985ECA477671359CED3F56EE394E0

Haller, L., Moakes, S., Niggli, U., Riedel, J., Stolze, M., & Thompson, M. (2019). *Entwicklungsperspektiven der ökologischen Landwirtschaft in Deutschland* (S. 1-129). https://www.umweltbundesamt.de/sites/default/files/medien/1410/pu blika tionen/2020-03-17_texte_32-2020_oekologische-landwirtschaft.pdf

Herz, P. (2023). *Bio-Ackerflachen auf Rekordniveau* (AMA Agrarmarkt Austria). https://www.ama.at/marktinformationen/getreide-und-olsaaten/aktuelle-informationen/2023/bio-ackerflaechen-auf-rekordniveau

Holland, J. M., Bianchi, F. J., Entling, M. H., Moonen, A.-C., Smith, B. M., & Jeanneret, P. (2016). Estrutura, função e gestão de habitats seminaturais para controlo biológico de conservação: Uma revisão dos estudos europeus. *Pest Management Science, 72*(9), 1638-1651.
https://doi.org/10.1002/ps.4318

Hulot, J.-F., & Hiller, N. (2021). *Explorando os benefícios do biocontrolo para a agricultura sustentável - Uma revisão da literatura sobre biocontrolo à luz do Pacto Ecológico Europeu* (S. 1-30). Instituto para a Política Ambiental Europeia. https://ibma-global.org/wp-content/uploads/2021/06/IEEP- Exploring-the-benefits-of-biocontrol-for-sustainable-agriculture-2021.pdf

Jeanneret, P., Begg, G., Gosme, M., Alomar, O., & Reubens, B. (2020). *Caraterísticas da paisagem para melhorar o controlo de pragas na agricultura. Soluções,* 4857.

Kühne, S. (2024). *Blattlause im Getreide: Vielfaltige Strategien der*

Regulation (Saaten Union Züchtung ist Zukunft). https://www.saaten-union.de/getreide/blattlaeuse-im-getreide-vielfaeltige-strategien-der-regulation/

Küntzle, T. (2023). *Welche Rolle spielen Landwirtschaft und Ernahrung beim Klimawandel?* (Land schafft Leben). https://www.landschafftleben.at/hintergruende/landwirtschaft-ernaehrung-klima#auswirkungen

Lamichhane, J. R., Bischoff-Schaefer, M., Bluemel, S., Dachbrodt-Saaydeh, S., Dreux, L., Jansen, J.-P., Kiss, J., Köhl, J., Kudsk, P., Malausa, T., Messéan, A., Nicot, P. C., Ricci, P., Thibierge, J., & Villeneuve, F. (2017). Identificação de obstáculos e classificação de prioridades comuns de investigação em controlo biológico para a Europa para gerir as pragas economicamente mais importantes em culturas arvenses, vegetais e perenes.

Pest Management Science, 73(1), 14-21. https://doi.org/10.1002/ps.4423

Landwirtschaftskammer Österreich. (2022a). *13 Einsatz von Nützlingen im geschützten Anbau ÖPUL 2023.* https://bgld.lko.at/13-einsatz-von- nützlingen-im-geschützten-anbau-öpul-2023+2400+3586030

Landwirtschaftskammer Österreich. (2022b). *Direcktzahlungen ab 2023.* https://www.lko.at/direktzahlungen-ab-2023+2400+3555847

Landwirtschaftskammer Österreich. (2022c). *ÖPUL 2023 - ein Überblick.* https://www.lko.at/öpul-2023-ein-überblick+2400+3563571

Langthaler, G., & McKhann, H. (2022). *Cooperação europeia para um futuro sustentável* (Agenda Estratégica de Investigação 2020 da FACCE-JPI.; S. 119). https://www.faccejpi.net/en/display-on-pages/show/facce-in-resumo.htm

Lindner, D. (2019, 11 de abril). Vor- und Nachteile von Forschungsmethoden-Limitierungen in der Bachelorarbeit. *Agile*

Unternehmen-Zukunftsfahig in der digitalen Transformation. https://agile- unternehmen.de/limitierung-in-der-bachelorarbeit/

Mandl, J. (2024). *Landschaftselemente* (Ikonline Landwirtschaftskammer Oberösterreich). https://ooe.lko.at/landschaftselemente+2400+3964156

Mayring, P. (2000, Juni). *Análise qualitativa.* Forum Qualitative Sozialforschung / Forum: Investigação Social Qualitativa. https://www.qualitative-research.net/index.php/fqs/article/view/1089/2383

Mkenda, P. A., Ndakidemi, P. A., Stevenson, P. C., Arnold, S. E. J., Darbyshire, I., Belmain, S. R., Priebe, J., Johnson, A. C., Tumbo, J., & Gurr, G. M. (2020). As lacunas de conhecimento entre os pequenos agricultores impedem a adoção do controle biológico de conservação. *Ciência e Tecnologia do Biocontrolo*, *30*(3), 256-277. https://doi.org/10.1080/09583157.2019.1707169

Mukherjee, M., Agarwal, I., & Bhattacharya, S. (2022). *It's Just the tip of the iceberg!* Pradan, MetaMeta, aidenvironment, FES. https://thewaterchannel.tv/thewaterblog/its-just-the-tip-of-the-iceberg/

NABU Kreisverband Gifhorn. (2024). *Sinn und Unsinn von Blühstreifen.* https://nabu-gifhorn.jimdo.com/projekte-arbeitsgruppen/insektensterben/blühstreifen/

Naranjo, S. E., Ellsworth, P. C., & Frisvold, G. B. (2015). Valor econômico do controle biológico no manejo integrado de pragas de sistemas de plantas gerenciadas. Em *Revisão Anual de Entomologia* (Bd. 60, Nummer Volume 60, 2015, S. 621-645). Revisões anuais. https://doi.org/10.1146/annurev-ento-010814-021005

Pittner, R. (2022). Pilzgerste im Steilhang soll Engerlinge bekampfen. *topagraronline.* https://www.topagrar.com/oesterreich/ackerbau/news/pilzgerste-im-steilhang-soll-engerlinge-bekaempfen-13163338.html

Plunger, W. (2024, 23 de abril). Wenn der Maikafer fliegt!

Dolomitenstadt. https://www.dolomitenstadt.at/story/wenn-der-maikaefer-fliegt/

Equipa principal do R. (2022). *R: Uma linguagem e um ambiente para a computação estatística* (4.2.0) [Software]. R Foundation for Statistical Computing. https://www.R-project.org/

Rech, T., Tischler, K., & Rumler, D. (2015). *Biologische Landwirtschaft in Österreich* (7, S. 1-26). https://www.bioforschung.at/wp-content/uploads/2015/07/6_Broschuere_biologische_Landwirtschaft_D_ A5_DRUCK.pdf

Rippel, R. (2014). Klimaanderungen. In *Landwirtschaftlicher Pflanzenanbau* (13. Aufl., S. 145-150). BLV Buchverlag GmbH & Co. KG.

Schneck, H. (2014). Okologischer Landbau. In *Landwirtschaftlicher Pflanzenanbau* (13. Aufl., S. 977-999). BLV Buchverlag GmbH & Co. KG.

Schwarzenberger. (2022). *Anwendung von Pilzgerste.* https://kataloge.samen-schwarzenberger.com/anwendung-von-pilzgerste/67227600

Shields, M., Johnson, A., Pandey, S., & Cullen, R. (2019). *História, situação atual e desafios para o controlo biológico da conservação. 131,* 25-35. https://doi.org/10.1016/j.biocontrol.2018.12.010.

Sigsgaard, L., & Jacobsen, S. K. (2017). Agrobiodiversidade funcional - uma nova abordagem para otimizar o controle de pragas na produção de frutas. *Boletim IOBC-WPRS, Gestão da paisagem para a biodiversidade funcional, 122,* 26-28.

Slowikowski, K. (2024). *ggrepel: Posicionar automaticamente rótulos de texto não sobrepostos com "ggplot2"* [Software]. https://ggrepel.slowkow.com/, https://github.com/slowkow/ggrepel

Steinwidder, A., & Starz, W. (2016). *Landwirtschaft 2030-Herausforderungen für die Biologische Landwirtschaft in Österreich* (S. 15-20). https://raumberggumpenstein.at/jdownloads/Tagungen/Umweltoekologisches_Symp osiu m/Umweltkologisches_Symposium_2016/2u_2016_steinwidder.pdf

Stejskal-Tiefenbach, Schindler, S., Igel, V., Kudrnovsky, H., & Oberleitner, I. (2022). *Biodiversitatsstrategie Osterreich 2030+* (Bundesministerium für Klimaschutz, Umwelt, Energie, Mobilitat, Innovation und). file:///Users/mariettaprestele/Downloads/Biodiversitaetsstrategie_20 30.p df

Stenberg, J., Sundh, I., Becher, P., & Björkman, C. (2021). Quando é controlo biológico? Uma estrutura de definições, mecanismos e classificações. *Jornal de Ciência das Pragas,* 1-12.

StrauSS, G. (2013). Avaliação do risco ambiental para Neodryinus typhlocybae, agente de controlo biológico contra Metcalfa pruinosa, para a Áustria. *Jornal Europeu de Ciências Ambientais, 2*(2), 102-109.

SusCrop-ERA-NET. (2022). *Melhorar a agrobiodiversidade para serviços resilientes de controlo de pragas nas paisagens* (Proposta completa 93; IMPRESS, S. 138).

Tischner, H., & Demmel, M. (2014). Grundlagen des Pflanzenschutzes. In *Landwirtschaftlicher Pflanzenanbau* (13. Aufl., S. 305-333). BLV Buchverlag GmbH & Co. KG.

Trajkova, F., Arsov, S., & Gudeva, L. K. (2021). O papel e a importância da agrobiodiversidade para a agricultura. *Jornal de Agricultura e Ciências Vegetais, 19*(2), 47-64.

Van Lenteren, J. (2006). *Serviços ecossistémicos para o controlo biológico de pragas: Porque é que são ignorados? 17,* 103. https://secties.nev.nl/pages/publicaties/proceedings/nummers/17/10 3- 111.pdf

Software VERBI. (2024). *MAXQDA para análise de dados qualitativos* (24.2) [Software]. https://www.maxqda.com/de/

Wagner, K. (1992). *UmweltvertraglichkeitsprOfung und Landwirtschaft in Osterreich Environmental Impact Assessment and Agriculture in Austria.* https://bab.gv.at/jdownloads/Publikationen/Archiv/AWI/Schriftenreihe/SR 067_Umweltvertraeglichkeitspruefung_und_Landwirtschaft.pdf

Wickham, H. (2016). *ggplot2: Gráficos elegantes para análise de dados* [Software]. Springer-Verlag New York. https://ggplot2.tidyverse.org

IX. Apêndice

Entrevistados selecionados de todas as entrevistas a peritos:

Todas as entrevistas realizadas, tanto para a criação do mapeamento das partes interessadas como para a segunda entrevista semi-estruturada, podem ser consultadas na tabela abaixo (Tab.S1). A tabela está dividida em número e data da entrevista, afiliação da parte interessada e tipo de entrevista. Se os entrevistados foram entrevistados tanto para o mapeamento como para a segunda entrevista semi-estruturada, a estrutura decimal foi alargada.

Quadro S1: Lista das partes interessadas entrevistadas, por data, grupo de afiliação e tipo de entrevista

Number of Interview, date	Affiliation of the stakeholder	Type of Interview
1, 23.11.2023	Research Institution	For stakeholder mapping

2, 15.12.2023	Farmer association, Bio Austria	For stakeholder mapping
3, 20.12.2023	Official Plant Protection Service	For stakeholder mapping
3.1, 17.04.2024	Official Plant Protection Service	Semi-structural interview (second interview)
4, 21.12.2023	Farmer association, “Boden Leben”	For stakeholder mapping
4.1, 04.04.2024	Farmer association, “Boden Leben”	Semi-structural interview (Second Interview)
5, 05.03.2024	Producers of Pest Control Products and Services	For stakeholder mapping
5.1, 28.03.2024	Producers of Pest Control Products and Services	Semi-structural interview (Second Interview)
6, 05.03.2024	Producers of Pest Control Products and Services	For stakeholder mapping
7,	Farmer, lower Austria	For stakeholder mapping,

08.03.2024		
7.1, 26.03.204	Farmer, lower Austria	Semi-structural interview (Second Interview)
8, 13.03.2024	Austrian chamber of agriculture	For stakeholder mapping,
9, 02.04.2024	Ministry of agriculture	Semi-structural interview
10, 08.04.2024	Farmer, Carinthia	Semi-structural interview
11, 17.04.2024	Research	Semi-structural interview
12, 26.04.2024	NGO	Semi-structural interview
13, 29.04.2024	Austrian chamber of agriculture	Semi-structural interview

Sistema agrícola:

A figura seguinte (Fig. S1) mostra o sistema agrícola que foi apresentado aos peritos nas segundas entrevistas semi-estruturadas. Foi pedido aos peritos que discutissem as ligações entre os grupos envolvidos no sistema. O sistema agrícola foi criado com base nas questões colocadas na primeira entrevista.

Fig. S1: Grupos de SH participantes do Sistema Agrícola. Os grupos mencionados foram determinados através da primeira entrevista. Criado com R versão 4.2.0, adaptação visual editada com PowerPoint

Rede SH:

Os quadros S2 e S3 apresentam a avaliação tabular das entrevistas com peritos sobre o sistema agrícola. O quadro S2 representa o futuro, onde se pretende ainda mais intercâmbio no futuro. O quadro S3 representa o presente. Os SH designam um par de SH (SH A e SH B). A coluna n indica a frequência com que a ligação foi mencionada e a última coluna indica quais os SH entrevistados que identificaram este par de SH.

Quadro S2: Avaliação dos peritos em relação às possibilidades de melhorar o intercâmbio de grupos de PS. SH A e SH B descrevem as respectivas combinações mencionadas, n indica a frequência com que esta ligação foi mencionada e a última coluna indica quem mencionou esta ligação

Future			
Stakeholder A	**Stakeholder B**	**n**	**By which SH mentioned**
Marketing	Research	2	Research, Plant Protection Service
Marketing	Farmer	1	2. Farmer
Governmental Organization	Research	1	Research
Governmental Organization	Agricultural School/Education	1	Plant Protection Service
Governmental Organization	Farmer	1	1.Farmer
Research	Farmer	4	Research, 2. Farmer, 1.Farmer, Farmer association
Research	NGO	1	Research
Research	Agricultural School/Education	1	2. Farmer
Research	Commerce/Industry	1	Research
Research	Producer of BC	1	Plant

			Protection Service
Agricultural School/Education	Farmer	1	2. Farmer
Agricultural School/Education	Farmer association	1	Research
Commerce/Industry	Farmer	2	Plant Protection Service, 1.Farmer,
Commerce/ Industry	Marketing	1	AC-Chamber
Farmer association	Farmer	2	2. Farmer, Plant Protection Service
Farmer	NGO	3	AC-Ministry, Farmer association, NGO
Farmer association	NGO	1	NGO
All SH groups should sit at one table			Industry, NGO
Expand the network through the connection: Farmer → Consumer			AC-Ministry

Quadro S3: Descrição das actuais combinações de compostos no sistema agrícola. Os peritos indicaram que combinações de compostos existem (SH A e SHB), quantas vezes foram mencionadas no total e de que entrevista

Present			
Stakeholder A	**Stakeholder B**	n	**By which SH mentioned**
Producer BC	Research Organization	3	AC-Ministery, Industry, Plant Protection Service
Producer BC	Agricultural School	2	Research, Plant Protection Service
Producer BC	Farmer association	1	Industry
Producer BC	Farmer	1	AC-Ministry
Agricultural schools/Education	Marketing	1	2. Farmer
Agricultural schools/Education	Governmental Organization	4	AC-Chamber, NGO, Plant Protection Service,
Agricultural schools/Education	Research Organization	2	AC-Chamber,

			Research
Agricultural schools/Education	Farmer	6	AC- Ministry, Farmer association, Industry, 1.Farmer, 2. Farmer, Plant Protection Service
Commerce/Industry	Marketing	4	AC- Chamber, Industry, Plant Protection Service, Research
Commerce/Industry	Governmental Organization	3	2. Farmer, Plant Protection Service, Research
Commerce/Industry	Research Organization	1	Research
Commerce/Industry	NGO	2	2. Farmer, Industry
Commerce/Industry	Farmer	1	NGO

Commerce/Industry	Farmer association	2	2. Farmer, Plant Protection Service
Farmer association	Farmer	5	AC-Chamber, NGO, 1.Farmer, Plant Protection Service, Research
Farmer association	Producer BC	1	Industry
Farmer association	Marketing	1	2. Farmer
Farmer association	Research Organization	2	AC-Chamber, Industry,
Farmer association	Governmental Organization	8	AC-Chamber, NGO, AC-Ministry, Industry, 1. Farmer, 2. Farmer, Plant Protection Service, Research

Farmer	Marketing	1	Farmer association
Farmer	Governmental Organization	3	AC-Ministry, Plant Protection Service, Research
NGO	Research Organization	2	Industry, Plant Protection Service
NGO	Governmental Organization	1	AC-Ministry,
Research Organization	Governmental Organization	4	AC-Chamber, AC-Ministry, Plant Protection Service, Research
Governmental Organization	Marketing	1	AC-Ministry,

MIX
Papier aus verantwortungsvollen Quellen
Paper from responsible sources
FSC® C105338

Printed by Books on Demand GmbH, Norderstedt / Germany